KB010607

과학의 눈으로
현대사를 되돌아보다

과학의 눈으로 현대사를 되돌아보다

공공을위한과학기술인포럼 **FOSEP**

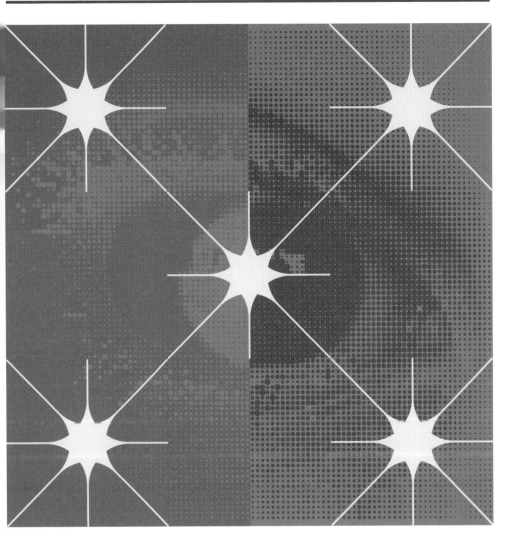

생각나눔

머릿말

———

공공을위한과학기술인포럼(Forum Of Scientists and Engineers for the People, 이하 FOSEP)은 과학기술자와 시민들이 함께하는 단체로 과학기술이 공공성, 합리성, 민주성에 따라 우리 사회에 기여할 수 있도록 노력합니다.

FOSEP은 매월 강연이나 세미나 형식의 월례 모임을 진행하고 있습니다. 그동안 전문가 초청 강연에서 다루어진 주제 중 하나가 우리 한국 현대사에서 굵직한 사건이면서, 동시에 과학기술적 내용이 큰 쟁점이 되었던 사건이었습니다. 바로 이 책 각 장에서 다루는 사건들이 그것입니다.

과학기술연구는 가설을 수립하고, 실험을 통해 그것을 검증하며, 실험 결과에 따라 가설을 수정하거나 또는 기존 가설·이론을 유지합니다. 연구 결과는 논문, 학회 등을 통해 발표되어 동료평가로 심사받고, 이후 다른 연구자들에 의해 재현되는지 검증을 받습니다. 합리적 문제제기와 실험을 통한 검증, 그리고 동료평가와 재현성 검증 등은 과학기술자 그룹에서는 당연한 연구 방법론입니다.

그런데 우리 한국 현대사에서 과학기술적 내용이 큰 쟁점이 된 사건들

중에서는 과학적 연구 방법론으로는 이해하기 어려운 사건이 존재하였습니다. 국가기관은 과학을 빙자해 증거를 조작하였고, 무고한 국민이 범인으로 몰려 피해를 받았습니다. 공공성과 객관성을 토대로 실험을 수행해야 할 과학자는 사적 이익을 위해 잘못된 결론을 도출하였습니다. 사건 주요 결론 도출의 근거나 증거, 결론 도출 과정이나 방법론 등에 대해 과학적 의문이 제기되었음에도 불구하고, 이에 대한 명쾌한 설명이 부족하였던 사건, 나아가 정부의 공식적 입장과 다르다며 과학적 문제 제기를 불순한 정치적 의도로 간주해 과학적 논쟁 자체를 금기시한 사건도 있었습니다. 막대한 예산이 투입되는 국가사업에 대해 과학기술자로서 양심적 의견을 제시하였지만 정부 입장에 반한다는 이유로 어려움을 겪은 전문가도 있었던 반면, 정부의 요구 또는 여타 다른 이유로 과학적 근거와 소신을 따르지 않고 행동한 전문가도 있었습니다.

이 책 각 장에서 다루는 사건은 이처럼 다양한 주제를 담고 있습니다.

국가기관이 과학을 빙자해 증거를 조작

- 강기훈 유서대필 사건과 국립과학수사연구소(제3장)
- 화성 8차 사건과 국립과학수사연구소(제3장)
- 서울시 간첩단 사건 증거를 조작한 국가정보원(제7장)

공공성과 객관성 대신 기업 이익을 추구한 과학자

- 가습기 살균제 독성실험과 관련된 과학자들(제6장)

과학적 재조사 필요

- KAL 858기 실종사건(제2장)
- 천안함 침몰사건(제5장)

국가사업 추진에서 전문가의 책임과 역할

- 금강산댐 조작에 부응한 과학자들(제1장)
- 4대강 사업에 대한 과학자들의 찬성과 반대(제4장)

FOSEP은 월례 모임에서 초청한 강연자들의 강연 이후, 꾸준히 관심을 가지고 각 사건의 현재 상황을 지속적으로 모니터링 해왔습니다. 일부는 논평으로 FOSEP의 의견을 개진하기도 하였고, 일부는 월례 모임 세미나 때 발표하기도 하였습니다. 부족하지만 그 간 FOSEP이 모니터링하고 공부한 내용이 이 책으로 이어졌습니다.

최예용님(가습기 살균제 피해사건), 박강성주님(KAL 858기 실종사건), 신상철님(천안함 침몰사건), 김인성님(서울시 공무원 간첩 조작 사건) 께서 FOSEP 월례 모임에서 해 주신 소중한 강연은 FOSEP이 관심을 가지고 여러 사건을 지켜보고, 이 책을 쓰게 된 출발점이 되었습니다. 열정적으로 끊임없이 문제 제기하며 진실을 밝히고 역사의 교훈을 찾기 위해 노력하시는 이분들 덕분에 우리가 여러 사건을 잊지 않을 수 있었습니다. 네 분께 감사의 마음을 전합니다.

이 책은 현재 진행형이며, 2022년 현재까지 각 사건을 정리하는 의미가 있습니다. 책으로 엮기에는 아직 부족한 점도 많지만, 그럼에도 불구하고 첫발을 내딛는 마음으로 책으로 정리하게 되었습니다.

새로운 사실이 밝혀지게 되면, 특히 재조사가 필요한 사건들의 경우, 새로운 내용이 추가될 수 있을 것입니다. FOSEP은 사건을 모니터링하고, 논평 등을 통해서 새로운 내용을 정리하고 의견을 개진하는 활동을 지속하겠습니다. 아울러 이 책에서 미처 다루지 못한 사건에 대해서도 추가적인 조사를 진행하도록 노력하겠습니다.

'강기훈 유서대필 조작 사건'의 강기훈 씨는 "출세를 위해 조작 사건을 꾸민 당사자들이 그에 응당한 벌을 받아야 향후라도 … 뒷일 무서워서라도 그런 나쁜 일을 꾸미지 못할 거 아닙니까!"라고 일갈하였습니다. '지난 역사로부터 교훈을 남기고, 다시는 이러한 일이 반복되지 않게 하는 것', 과학기술자와 시민의 모임인 FOSEP이 이 책에서 한국 현대사의 주요 사건에 대해 관심을 갖는 이유입니다. 앞으로도 FOSEP은 과학기술이 공공성, 합리성, 민주성에 따라 우리 사회에 기여할 수 있도록 열심히 노력하겠습니다.

이 책을 발간하며 국가기관의 조작 사건으로 씻을 수 없는 상처를 입은 피해자분들에게 진심 어린 위로를 전합니다. 또한, 가습기살균제 피해자들, KAL 858기 희생자들, 천안함 순직 장병들의 명복을 빌며, 유가족에게 깊은 위로의 마음을 전합니다.

2023년 3월

공공을 위한 과학기술인 포럼

저자소개

공공을 위한 과학기술인 포럼
(Forum Of Scientists and Engineers for the People, FOSEP)

FOSEP은 2018년 12월 창립된 과학기술자와 시민이 함께하는 단체입니다. FOSEP은 과학기술이 공공성, 합리성, 민주성에 따라 우리 사회에 기여할 수 있도록 노력합니다. 구체적으로 FOSEP은 과학기술이 소수의 권력이 아닌 공공을 위해 활용될 수 있도록 노력하며, 국가과학기술정책이 올바른 방향성을 갖고 투명하고 합리적으로 세워져 실행될 수 있도록 노력하며, 과학기술계에서 종사하는 열악한 처지의 약자들과 연대하고 사회의 실질적 민주화를 위해 노력합니다.

FOSEP은 세미나, 강연, 연구 등 매월 월례 모임을 진행하고, 활동의 결과물은 논평, 이슈리포트 등으로 발표합니다. FOSEP의 활동 내용은 블로그를 통해 확인하실 수 있습니다.

FOSEP은 과학기술의 공공성, 합리성, 민주성의 가치를 구현하기 위해 고민하는 분들 누구에게나 열려 있습니다. FOSEP에 관심 있으신 분들의 많은 참여를 기대합니다.

이메일: fosep2018@gmail.com

블로그: https://fosep.tistory.com

목차

제1장

평화의 댐

: 분단을 악용한 정권, 정권에 협력한 과학기술자

제5장

천안함 침몰사건

: 침몰 원인에 대한 과학적 논쟁은 여전히 진행 중

제6장

가습기 살균제 피해사건

: 공공성과 객관성 대신 기업 이익을 추구한 과학자

제7장

서울시 공무원 간첩 조작 사건

: 조작에 쓰인 과학, 조작을 밝혀낸 과학

부록 1

부록 2

제1장

—

평화의 댐 (전두환 정부, 1986년)

– 분단을 악용한 정권, 정권에 협력한 과학기술자

1. 북한의 위협에 대비한다는 명분으로
탄생한 평화의 댐

      강원도 화천군에 소재한 평화의 댐은 북한 금강산댐[1] 붕괴에 따른 수도권 수몰에 대비한다는 명분으로 1987년 착공되어 3단계 공사를 거쳐 약 30년 만인 2018년 11월에 준공되었습니다. 평화의 댐은 길이가 600m이고, 높이는 125m이며, 최대 저수량은 26.3억 톤으로 세 번째로 큰 댐입니다. 그런데 어찌 된 일인지 평화의 댐에는 수문이나 발전 기능이 없어서 홍수조절이 불가능합니다.

  평화의 댐은 3단계에 걸쳐 완공됐습니다. 1단계 공사(1987년 2월부터 88년 5월)에서는 초등학생까지 나서서 모은 국민 성금 639억 원을 포함

---

1   정식명칭은 임남댐이지만 편의상 이하에서는 금강산댐으로 서술하였습니다.

한 1,506억 원이 투입되어 길이 414m, 높이 80m, 최대 저수량 5.9억 톤 규모의 댐이 완공되었습니다. 2002년 160억 원이 소요된 보강공사를 거쳐, 2단계 공사(2002년 9월부터 2006년 12월)에 2,329억 원이 집행되면서 지금의 규모를 갖추게 되었습니다. 이후 극한 자연재해(Probable maximum flood)에 대비한다는 명목으로 3단계 공사(2012년 11월부터 2018년 11월)에 1,385억 원을 쏟아부어 댐의 정상부와 하류 사면을 콘크리트로 보강하는 공사가 단행되었습니다.

북한의 금강산댐을 이용한 수공에 대비한다는 명분으로 만들어진 평화의 댐에 대해서는 건설 당시부터 정부 주장의 진위에 대해 의구심이 제기되었고, 정부 주장이 거짓으로 확인되기까지 그리 오랜 시간이 걸리지 않았습니다. 그리고 지금 평화의 댐은 가능성이 매우 희박한, 1만 년에 한 번 올 수 있다는 자연재해에 대비한다는 또 다른 비현실적 가정을 근거로 그 모습을 유지하고 있습니다.

이 글의 목적은 5공화국 시절 정권 차원에서 어떻게 북한 금강산댐에 대한 정보를 왜곡하여 평화의 댐 건설을 추진했는지 확인하고, 이 과정에서 정권과 국가안전기획부(이하 안기부)의 강요나 협박으로 과학기술자들이 어떤 역할을 했는지 함께 살펴보는 것입니다. 미리 밝혀둘 점은 금강산댐이나 평화의 댐과 관련된 대국민 사기극의 주연은 대통령 전두환과 안기부였으며, 과학기술자들은 조연이나 단역에 불과했다는 사실입니다. 따라서 과학기술 분야 특정 인물에 대한 지나친 비판보다, 과학기술이 권력자에 의해 악용되고 이 과정에 개인 의사에 반해서 청부과학자가 나올 수 있다는 역사적 교훈에 더 주의를 기울여 주었으면 합니다.

2. 안기부가 주도했던 금강산댐 규모 과잉 추정
2. 1. 안기부장 장세동의 두 차례 보고

1986년 초 북한은 '제3차 7개년계획'에서 금강산발전소 건설을 최우선적 과제로 내세웠고, 4월 8일 조선중앙방송을 통해 이를 공개 보도하였습니다. 1986년 2월 4일 안기부장 장세동은 『북괴 전방의 댐 건설에 따른 군 재배치 징후』라는 제목으로 전두환에게 처음 보고 했는데, 대략적인 내용은 다음과 같습니다.[2]

- 86년 초부터 북한은 북한강 상류인 창도군에 수력발전소를 건설하기 위해 인근 주둔 부대를 철거 및 재배치하고 군인과 노동자들을 동원하기 시작함
- 댐 높이는 약 60~70m로 북한강 상류 해발 300m까지 수몰될 것으로 예상됨
- 경제적으로는 화천댐에 유입되는 수량이 줄어드는 문제가 발생할 수 있고, 군사적인 목적으로 이 댐을 폭파하거나 대량 방류 시 국군의 기동에 불리함

1986년 5월 말, 엄○○(당시 한국전력공사 전원계획처 입지부 과장)은 안기부에게 제공받은 5만 분의 1 지도만을 가지고 불과 9시간 만에 혼자서 금강산댐 저수량을 계산했습니다. 그는 금강산댐 발전용량을 81만kw로 추정한 후, 이를 근거로 저수량을 199.7억 톤이라고 계산했습니다. 수리모

2　최재승(1994), 「물밑의 하늘」, 극동기획 p. 5

형 실험은 고사하고, 댐의 위치나 주변 지형 및 댐의 제원에 대한 정보조차 제공되지 않았습니다.[3]

안기부는 6월 22일부터 8월 20일까지 2차 분석을 진행했습니다. 2차 분석에 참여한 한○○(당시 건설부 댐 계획과 주무계장)에 따르면, 컴퓨터 없이 손으로 계산했으며 안기부는 최악의 상황에만 관심을 두었다고 합니다.[4] 2차 분석 결과가 나온 8월 20일 장세동은 『북한 금강산발전소 건설 관련 남북한에 미치는 영향과 그 대비책』이라는 제목으로 전두환에게 다음과 같이 두 번째 보고를 했습니다.[5]

- 북한이 안변군에 건설하려는 유역변경식 수력발전소의 발전용량은 80만kw이며, 이를 위해 북한은 회양군 임남리에 높이 215m의 댐을 만들 계획임
- 댐의 최대 저수 규모는 199.7억 톤이며, 이로 인해 우리 쪽 북한강 상류의 저수량 45%가 줄어들어 발전량 감소 및 자연 생태계 변화가 예상됨
- 9억 톤 정도 저수가 가능한 89년 9월 이후 우리에게 군사적인 위협이 될 수 있으며, 2001년부터 199.7억 톤이 저수되므로 수도권 수몰 위험이 상존함
- 북한의 댐 건설을 저지하거나 위협에 대응하기 위한 대응댐 건설이 필요함

3   감사원(1993), 「감사백서」
4   1993년 MBC TV '집중조명 오늘'에서 방영한 「평화의 댐 그 후 5년」과의 인터뷰
5   최재승(1994), 「물밑의 하늘」, 극동기획 pp. 6~8

첫 번째 보고에서 60~70m로 추정된 댐의 높이는 두 번째 보고에서 215m로 무려 세 배 이상 높아졌습니다. 또한, 두 번째 보고에서는 댐 붕괴로 수도권이 수몰될 수 있다며 위험 내용을 구체적이면서도 과장하여 적시하고 있습니다. 그리고 이는 자연스럽게 대응댐이 필요하다는 결론으로 이어집니다.

2.2. 금강산댐을 이용한 안기부의 의도는 무엇이었을까?

아무리 서슬 퍼런 군사독재정권 시절이고, 무소불위의 권력을 지녔더라도 안기부가 이렇게까지 무리수를 둔 데에는 그만한 이유가 있었습니다.

1986년은 전두환 정권이 임기를 2년도 채 남겨 놓지 않은 시점으로, 학생운동진영과 재야 세력을 중심으로 민주화 운동이 봇물처럼 터졌습니다. 야당인 신민당도 김대중 전 대통령이 공동의장을 맡고 있던 민주화추진협의회와 함께 대통령 직선제개헌 서명운동에 돌입하였습니다. 연초 국정연설을 통해 임기 내 개헌은 불가하다고 했던 전두환은 4월 30일 임기 내 개헌이 가능하다고 한발 물러설 수밖에 없었습니다. 며칠 뒤 5월 3일 인천에서는 수만 명의 노동자와 학생 및 시민이 모여 직선제개헌을 요구하는 시위를 전개하였습니다. 훗날 '인천 5·3 운동'이라고 일컬어진 이날 시위는 구속자만 100명을 넘어설 정도로 치열했습니다.

그리고 두 달 뒤, 군사독재정권을 더욱 궁지에 몰아넣는 일이 발생했습니다. 바로 악명 높은 부천경찰서 성고문사건과 이를 은폐하고 조작했다는 사실이 언론을 통해 폭로된 것입니다. 정권으로서는 자칫하면 정국 주도권을 완전히 잃어버리고, 정권을 야당에게 넘겨줄 수 있다는 위기의식이 고조되었을 것입니다. 따라서 정권 차원에서는 국면을 전환할 계기가 필요했는데, 이를 위해 금강산댐 위협을 과장하고 평화의 댐 건설이라는 대국민 사기극이 연출되었습니다.[6] 남북분단과 민족대결이라는 아픈 현실이 정권 안보를 위해 악용된 것입니다.

3. 금강산댐 대책추진본부 운영과 3차 분석

3.1. 금강산댐 대응 컨트롤타워인 대책추진본부 결성과 운영

두 번째 보고 전후로 안기부는 관계기관과 함께 금강산댐과 평화의 댐에 대한 컨트롤타워인 '대책추진본부'를 운영하기 시작했습니다.

[그림 1] 대책추진본부 조직도

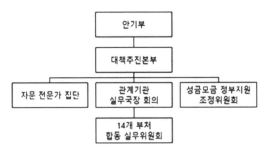

출처: 최재승(1994), 『물밑의 하늘』, 극동기획

---

6   하상복(2008), "'금강산댐' 사건과 정치적 현실의 구성", 『사회과학 담론과 정책』, 제1권 창간호, 187~207쪽.

회차	일시	주요 협의 내용
1회차	86년 9월 1일	금강산댐 건설상황과 우리 쪽에 미칠 영향 토의
2회차	86년 9월 15일	금강산댐 건설관련 의견 교환
3회차	86년 10월 17일	대북성명문 초안 및 단계별 추진계획 검토
4회차	86년 10월 20일	관계 장관 성명문안 의견 조정
5회차	86년 10월 25일	관계 장관 성명문 검토 및 각 부처 의견 조정
6회차	86년 10월 26일	대응대책 추진 기본계획 및 성명문 최종 검토
7회차	86년 11월 12일	향후 추진계획 검토
8회차	86년 12월 22일	댐 위치, 댐 형식, 지질조사 문제 협의
9회차	86년 12월 26일	북한 전력공업위원회 백서 관련 대응대책 토의
10회차	87년 1월 12일	건설부장관 반박성명 발표 문제 협의

출처: 최재승(1994), 『물밑의 하늘』, 극동기획 p. 15 내용을 표로 정리

대책추진본부에서 장세동, 이학봉(안기부 2차장), 청와대 정무비서관, 총리실 행정조정실 심의관, 국방부 정보본부장, 건설부 수자원국장, 동력자원부 전력국장 등이 참여한 '관계기관 실무국장회의(이하 실무국장회의)'를 주목할 필요가 있습니다(<표 1> 참고). 1회차와 2회차 회의는 8월 20일 두 번째 보고 이후이며, 후술하겠지만 3차 분석을 앞둔 시점에 개최되었습니다. 따라서 이 두 차례 회의에서는 1차 분석에서 도출된 금강산댐 규모나 남쪽의 예상 피해 내용을 공유하고, 2차 분석을 통해 이를 보다 정교화 하는 방안을 협의했을 것입니다.

안기부는 서울아시안게임이 끝난 10월 30일을 D-day로 삼고[7], 이규효 건설부장관의 대북성명서를 시작으로 네 차례의 관계부처장관 성명서를

---

7   전두환 정권은 경찰병력을 투입하여 10월 28일부터 건국대에서 농성 중이던 대학생 1,500여 명을 강제 진압하였고, 이 중 1,300여 명을 구속했습니다. 정권은 이 농성을 북한과 연계된 좌경용공시위로 몰아갔고, 10월 30일 진행된 이규효의 대북성명서 발표는 이 사건과 겹치며 극적 효과를 연출하였습니다.

발표했으며, 그 내용은 다음과 같이 정리할 수 있습니다.

- 건설부장관 이규효(10월 30일): 저수량이 200억 톤에 달하는 금강산 댐에서 일부인 9억 톤만 방류해도 한강 제방을 넘쳐 수도권이 수마로 덮인다면서 금강산발전소 계획을 전면 중단하라는 대북성명서 발표
- 국방부장관 이기백(11월 6일): 금강산댐 붕괴 시 초당 230만 톤의 물 폭탄이 쏟아진다고 주장하며 악명 높은 '서울시 예상침수도' 공개
- 문공부장관 이웅희(11월 21일): 금강산댐 위협 시기를 1989년에서 1년 앞당겼으며, 이는 '88서울올림픽'을 방해하기 위한 것이라는 주장을 처음으로 제기
- 4부 장관 합동담화문(11월 26일): 이규효, 이기백, 이웅희, 허문도(통일원 장관)가 금강산댐에 대한 대응방안으로서 '평화의 댐' 건설 계획 발표

마지막 성명서 발표 닷새 후인 12월 1일, 이규효는 '1단계 평화의 댐을 1987년 4월에 착공하여 1988년 우기 이전에 준공하여 88서울올림픽에 대비하겠다.' 하는 내용으로 전두환에게 결재를 받았습니다. 금강산댐 위협 제기와 평화의 댐 건설 확정까지 한 달 만에 일사천리로 진행된 셈입니다.

사람들에게 가장 강력한 충격을 준 것은 국방부장관 이기백의 성명서 발표 당시 함께 등장한 '서울시 예상침수도'였습니다. 불과 두 해 전 대규모 홍수로 서울 저지대가 침수되고, 전국적으로 300명이 넘는 사망 및 실종자와 23만 명의 이재민이 발생했기에 서울 시민들은 이 그림을 보며 경악을 금치 못했습니다. 그러나 금강산댐 저수 규모가 부풀려졌기에 서울시 예상침수도 역시 엉터리였습니다. 대규모 홍수와 북한의 방류가 동시

에 발생한다는 최악의 시나리오에 근거한 것은 물론, 방류된 물의 흐름이나 홍수 피해에 대한 지형학적 검토도 없었습니다.[8]

평화의 댐 건설 시기와 관련해서 7차 회의는 중요한 의의를 지닙니다. 바로 직전에 있었던 이기백의 성명서 발표까지도 금강산댐이 남쪽에 영향을 미칠 수 있는 최소한의 수량인 9억 톤을 저수할 수 있는 시기를 1989년 가을로 추정했습니다. 따라서 이규효 역시 11월 19일 대통령 보고에서 1단계 평화의 댐 준공 시기를 89년으로 적시했습니다. 그런데 문공부장관 이웅희는 11월 21일 발표한 성명서에서 북한이 88년 서울올림픽을 방해하기 위해 금강산댐을 악용할 것이라고 주장했습니다. 불과 며칠 만에 금강산댐의 실질 위협 시점이 1년이나 앞당겨진 것입니다. 이러한 조정의 이면에 7차 회의가 있었고, 이 회의에서 금강산댐 위협 시기와 평화의 댐 착공 시기를 88년 서울올림픽과 연계하여 1년 앞당길 것과 평화의 댐 건설을 위한 성금모금 추진안을 함께 논의했을 것으로 추정됩니다.

한편 12월 11일에는 '평화의 댐 건설지원 범국민추진위원회'(이하 범추위)가 결성되었습니다. 범추위는 정수창(당시 대한상공회의소 회장)을 위원장으로 하며, 평화의 댐 건설을 위한 범국민적 참여와 성금 모금을 목적으로 하였습니다. 며칠 뒤 12월 15일에는 '대통령 훈령 제51호'에 근거하여 '평화의 댐 건설추진위원회(이하 건추위)'가 출범하였습니다. 건추위는 국무총리 노신영을 위원장으로 하며, 평화의 댐을 건설하기 위한 정부기구였습니다. 따라서 7차 회의의 또 다른 목적은 이 두 기구 결성 방안을 마련하는 것이라고 할 수 있습니다.

---

8   한○○(당시 건설부 댐계획과 주무계장)은 2001년 MBC TV 「이제는 말할 수 있다: 200억 톤 물 폭탄의 진실」에서 "안기부에서 7월 하순경부터 석 달가량 기숙하며 작업했고, 이때 '서울시 예상침수도' 관련 기초 작업을 했다."고 밝혔습니다. 또한, 이○○(당시 건설부 수자원국장)은 1987년 9월 23일 국회 건설위원회 제1차 회의에서 "금강산댐 담수량을 200억 톤으로 보고, 일시에 200억 톤이 내려오는 경우를 가정하여 자신을 포함한 건설부 직원 몇 명이 '서울시 예상침수도'를 그렸다."라고 답변했습니다.

북한전력공업위원회는 11월 27일 남측의 금강산댐 중지 요구를 반박하였습니다. 한 달 뒤 12월 25일에는 백서 발간을 통해 금강산수력발전소는 네 개 댐(총 저수량 47.2억 톤)으로 구성되며, 금강산댐 자체는 높이 121.5m이고 저수량은 26.2억 톤이며 저폭 700m로 남측에 피해가 없다고 주장했습니다.[9] 또한, 12월 30일 최고인민회의 제8기 1차 회의에서는 김일성 주석이 직접 금강산발전소가 올림픽을 앞둔 수공작전을 위한 것이라는 우리 쪽 발표를 강하게 비판했습니다.

이런 상황에서 9차와 10차 회의는 북한 주장을 반박하기 위해 열렸습니다. 9차 회의 직후인 12월 29일에는 이○○(당시 건설부 수자원국장)이 북한의 금강산수력발전소 백서가 거짓이라는 입장을 발표하였습니다. 또한, 10차 회의 나흘 뒤에는 건설부장관 이규효 명의로 백서에 관한 반박 내용이 발표되었습니다.

실무국장회의와 별개로 안기부는 '14개 부처 합동실무위원회(이하 실무위원회)'를 가동하였습니다. 실무위원회는 10월 29일부터 11월 30일까지 총 28회에 걸친 '일일보고'를 통해 금강산댐 건설 규탄 행사 및 홍보 대책을 작성하여 안기부에 보고하였습니다.[10] 또한, 실무위원회의 지원을 통해 11월 13일 서울 동대문운동장에서 열린 '금강산댐 건설 서울시민 규탄대회'를 시작으로, 보름 동안 전국에서 개최된 궐기대회에 연인원 1,000만 명이 동원되었습니다.

또 다른 위원회인 '성금 모금 정부지원 조정위원회(이하 조정위원회)'는 평화의 댐 건설을 위한 성금 모금과 관련된 총괄업무를 12월 15일에 발

---

9   네 개 댐은 금강산댐(높이 121.5m, 저수량 26.24톤), 장안댐(높이 115m, 저수량 6.2톤), 전곡댐(높이 118m, 저수량 9.7톤), 내평댐(높이 123m, 저수량 5.1톤)입니다. 실제로 2003년 완공된 금강산댐의 높이와 길이 및 최대 저수량은 백서 내용과 일치하는 것으로 알려졌습니다.

10   프레시안(2017. 1. 23.), 서중석의 현대사 이야기 229회, 「원폭보다 센 수공? 금강산댐 공포사기극 전말」

족한 범추위에서 담당하는 것으로 정하고 범추위 발족과 운영을 지원하였고, 결과적으로 639억 원에 달하는 돈이 모금되었습니다.

역할이 명확하고 구체적이었던 실무국장회의, 실무위원회, 조정위원회와 달리, '자문 전문가 집단'은 참가자에 대한 정보만 있을 뿐, 수행한 역할이 명확히 알려지지 않았습니다. 학계에서는 최○○ 교수(당시 고려대 교수이자 한국토목학회장)가 참여한 것으로 알려지며, 나머지 인사들은 건설사 임원이나 공무원 혹은 공사 직원이었습니다. 사실 안기부는 이미 1차 분석에 근거한 2차 보고 당시 금강산댐 저수량을 200억 톤으로 못 박고, 이를 토대로 향후 평화의 댐 건설 시나리오를 집행해 나가고 있었기에 자문 전문가 집단의 역할은 미미했을 것입니다. 자문 전문가 집단과 별개로 저명한 학계 전문가를 중심으로 대국민 여론을 호도할 필요가 있었는데, 이러한 안기부의 의도에 따라 학계의 저명한 과학기술자들이 정부 주장을 뒷받침하는 어리석은 행위에 가담하게 되었습니다.

3. 2. 금강산댐에 대한 3차 분석

이미 1차 분석과 2차 분석이 진행되었음에도 불구하고 어떤 의도에서였는지 안기부는 금강산댐에 대한 3차 분석을 진행하였습니다. 이를 위해 한전 직원 2명과 건설부 수자원국 토목기사 1명이 안기부에 파견 나와 9월 중순부터 보름여 동안 3차 분석을 진행하였습니다. 1993년 진행된 감사원 감사결과에 따르면, 다음과 같은 사실을 확인할 수 있습니다.[11]

11   감사원(1993), 『감사백서』

- 댐의 위치가 기존보다 상류로 조정됨에 따라 금강산댐 역시 높이 155 미터에 저수량 69.8억 톤 정도로 추정되었는데, 이는 앞선 두 차례 분석 결과보다 현저하게 줄어든 수치임
- 댐 위치가 조정됐지만 앞선 분석에서 활용된 댐 높이별 저수량 표를 사용함으로써 금강산댐 저수량은 실제보다 여전히 10억 톤 정도 과대 추정됨
- 3차 분석 결과는 보조댐이 있는 것을 전제로 도출됐지만, 보조댐이 없을 경우 금강산댐 저수량은 30억 톤 이상 줄어드는데 이에 대해 전혀 고려하지 않음
- 안기부장 장세동은 3차 분석 결과를 인지하고 있었고, 대통령 역시 이를 알고 있었음을 간접적으로 시인함
- 앞선 두 차례 분석결과와 3차 분석결과가 매우 큰 차이를 보임에도 장세동의 지시에 따라 금강산댐 저수량은 200억 톤이라고 대내외에 발표됨

1·2차 분석 결과와 3차 분석 결과에서 차이가 크게 발생했다면, 새로운 정보를 입수하여 정밀하게 재분석하고 모형실험 등을 하는 게 상식입니다. 그런데도 정권이 이를 묵살하고 기존의 엉터리 분석 결과를 발표했다는 것은 3차 분석과 무관하게 이미 금강산댐 및 평화의 댐과 관련된 잘 짜인 각본이 있었고, 이를 실행함으로써 정국주도권 확보와 정권재창출에 혈안이 되었음을 의미합니다.

4. 안기부 주장에 대한 비판적 검토

4. 1. 한계가 있었던 과학기술계의 비판적 검토

시기를 금강산댐 문제가 부각된 1986년 하반기로 한정하면, 금강산댐에 대한 정부 입장에 반대하거나 문제를 제기한 전문가는 없었습니다. '한국과학기술연구원 시스템공학센터'(이하 KIST센터)와 안ㅇㅇ(당시 서울대 토목공학과 교수)이 정부 발표에 의문을 가졌다고 하나, 이러한 입장은 몇 년 후에야 세상에 알려졌습니다. 전문가는 많았지만 86년이라는 '시각'에 '공개'적인 형식의 비판과 문제제기는 없었습니다.

아쉬움은 크지만 추후 밝혀진 KIST센터의 입장을 살펴봅시다. 성ㅇㅇ 소장과 김ㅇㅇ 박사 연구팀은 정부 발표에 의구심을 품고 금강산댐 파괴 시 우리 쪽 피해를 파악하기 위해 '동태분석연구계획서'를 제출했으나 채택되지 못했습니다.[12] 이후 이들이 만든 『국토정보관리를 위한 원격탐사 응용기술 개발보고서』가 언론을 통해 공개되었는데, 그 내용의 핵심을 다음과 같이 요약할 수 있습니다.[13]

- 보조댐 두 개를 감안해도 금강산댐 저수량은 200억 톤이 아닌 150억 톤으로 예상됨
- 금강산댐은 공사 기간만 13년이고 최대 150억 톤 규모 물을 담수하는 데 14년이 소요되는데, 정부가 평화의 댐 착공을 지나치게 서둘렀음
- 금강산댐 붕괴나 파괴 시 물이 역류하여 오히려 북측 피해가 커질 수도 있음

12 최재승(1994), 『물밑의 하늘』, 극동기획
13 동아일보, 1988. 9. 1.

어렵지 않게 이 보고서의 한계를 파악할 수 있습니다. 첫째, 경제성이 떨어진다고 전제했지만, 여전히 금강산댐 저수량을 150억 톤으로 과도하게 예측했습니다. 둘째, 댐 붕괴 가능성을 거론하며 정권의 대응댐 건설을 긍정적으로 평가했습니다. 결정적으로 이 보고서는 평화의 댐 건설이 추진되던 1986년 말이나 1987년 초가 아닌, 정권이 바뀌고 여소야대 정국이 열린 1988년 8월에서야 공개되었습니다. 이때는 이미 1단계 평화의 댐이 완공된 지 3개월이 지난 시점입니다.

한편 안○○ 교수는 1986년 11월 1일 건설부 수자원국이 주최한 '중앙하천관리위원회' 회의에 참석하여 금강산댐에 대한 의문이 들어 금강산댐 유역 지도를 요청했으나 거절당했고, 이후 정부 주장이 엉터리라고 판단하여 일체 회의에 참석하지 않았다고 합니다.[14] 훗날 안○○ 교수는 1993년 국회 국정조사에 참고인으로 출석하여 평화의 댐이 사기극이라고 발언했고, 언론 기고를 통해 금강산댐은 사력댐이므로 일시에 파괴할 수 없고, 파괴되더라도 계곡 너비가 4m로 좁아서 일시에 많은 물이 흐를 수 없다고 주장하였습니다.[15] 그러나 안○○ 교수 역시 평화의 댐 추진 당시에는 정부 입장을 공개리에 비판하지 못했고, 심지어 언론과의 인터뷰를 통해 대응댐 건설 필요성을 언급했습니다.[16]

이상에서 알 수 있듯이, KIST센터나 안○○ 교수가 정부의 금강산댐 발표에 대해 문제의식을 가졌을 가능성이 큽니다. 또한, 이들의 연구 결과나 주

---

14 최재승(1994), 『물밑의 하늘』, 극동기획(국회사무처 자료 재인용)

15 중앙일보, 1993. 8. 28.

16 1986년 11월 24일 경향신문과의 인터뷰에서 안○○ 교수는 "이 일대(11월 7~8일 학계전문가 13인이 함께 답사한 강원도 화천군) 골짜기에 대한 정밀한 표고조사를 통해 여러 협곡들 중에서도 물길을 돌릴 수 있는 곳을 선정해야 한다. 대응댐은 수공을 막는 단일목적댐이며 따라서 뒤도록 거설비를 줄여야 한다. 금강산댐의 위협은 저수량이 10억을 넘어서는 4~5년 후부터 바로 시작된다."라고 설명하였습니다. 또한, 북한에 대한 댐 건설 중단 설득과 외교채널을 통한 노력을 우선적으로 언급했으나, 이것이 어렵게 되면 대응댐이 필요한데 5년 7,500억 원 정도면 충분히 가능하다고 주장하였습니다.

장이 88년 국정조사나 1993년 국정조사에서 평화의 댐이 정권 차원에서 자행된 사기극이라고 판명되는데 기여한 바도 있습니다. 그럼에도 이들을 포함하여 정권과 안기부의 희대의 사기극에 대해 전문가나 학계의 공개적인 비판이 1986년 당시에 없었던 점은 시대적 한계로 남겨둘 수밖에 없을 것입니다.

4.2. 국회 국정조사와 감사원 감사

평화의 댐과 관련된 국회 차원에서의 문제 제기는 1987년에 처음 이루어졌지만, 1988년 여소야대 국면에서 본격화되었습니다. 7월 19일부터 8월 17일까지 진행된 『제143회 국회 건설위원회 1~6차 회의』를 통해 금강산댐 정보출처와 규모 추정 근거, 서울시 예상침수도, 평화의 댐 건추위와 범추위, 평화의 댐 공사 발주 기준과 사업비 부정집행 등 전 방위적 문제 제기가 있었으며, 이는 하반기 건설부와 한국수자원공사에 대한 국정감사 및 『제5공화국에 있어서의 정치권력형 비리조사 특별위원회』 활동까지 이어졌습니다. 1989년에 진행된 국회 건설위원회 회의와 국정감사를 통해서는 노태우정부가 추진하려던 평화의 댐 2단계 공사를 저지하는 성과를 거두기도 했습니다.

평화의 댐은 1993년 문민정권이 들어서며 다시 주목받았습니다. 군사독재정권과의 야합을 통해 대통령이 된 김영삼은 '개혁'이란 명분을 내세워 이전 정권의 비리를 캤고, 이 과정에서 평화의 댐에 대한 재조사가 진행되었습니다. 감사원은 1993년 6월 28일부터 진행된 감사를 통해 19가지 문제점을 발견했는데, 그 중 주요한 내용 몇 가지를 요약하면 다음과 같습니다.

- 금강산댐은 장기 계획에 따라 경제적 목적을 우선하여 건설되었으며, 수공 목적만으로 건설되었다고 볼 수 없음
- 충분한 검토나 합리적 추산 없이 금강산댐 규모를 200억 톤 규모로 과대 추정함
- 금강산댐 붕괴로 인한 하류의 피해는 최소 9억 톤 방류 시 한강 인도교 기준 16.5m로 제방을 넘지 않을 것이며, 200억 톤 방류 시에도 26.7m로 마포구와 성동구 등 일부 저지대만 침수되므로 정부 발표는 과장되었음
- 금강산댐의 88년 올림픽에 대한 위협이 없음에도 이를 핑계로 서둘러 평화의 댐을 착공하면서 무리한 성금 모금을 단행하였고, 공사와 관련된 예산을 낭비함

1993년 하반기에는 국회 건설위원회에서 금강산댐에 대한 정보 조작을 주도했거나, 평화의 댐 추진을 주도했던 인물들을 증인으로 채택하여 국정조사를 진행하였습니다.[17] 평화의 댐 사기극을 주도했던 인사들에 대한 법적 처벌까지 목표로 했던 국정조사는 그 노력에 비하면 아쉬움을 남긴 채 막을 내리고 말았습니다. 사기극의 최종 책임자인 전두환은 국정조사 증인으로 채택되지 못했고, 전두환을 비롯한 주요 인사들에 대한 사법처리도 진행되지 못했기 때문입니다.[18]

---

17 당시 증인으로 채택된 대표적인 인물은 장세동(당시 안기부장), 이학봉(당시 안기부 2차장), 노신영(당시 국무총리겸 평화의 댐 건추위원장), 이규효(당시 건설부장관), 이기백(당시 국방부장관), 이문도(당시 통일원장관), 정수창(당시 평화의 댐 범추위원장), 이ㅇㅇ(당시 건설부 수자원국장)입니다.
18 전두환은 이해 8월 26일 '국민여러분에게 드리는 말씀'이라는 제목의 감사원 제출 해명서를 통해 반성은커녕 자신의 입장을 변명하는데 급급했습니다.

5. 평화의 댐과 관련된 청부과학자들

청부과학이란?

청부과학은 기업 등에서 거액의 연구비를 받고, 그 대가로 후원자에게 유리한 결론을 이끌어내는 과학활동을 말합니다. 과학자가 담배회사로부터 연구비를 받고 흡연의 위험성을 과소평가하는 거짓 결과를 발표하는 것은 청부과학의 대표적인 사례로 볼 수 있습니다. 책 『청부과학』(데이비드 마이클스 저)은 그 사례를 자세히 설명하고 있습니다.

일부 과학자들이 금강산댐의 위험을 지나치게 부각하며 정권의 평화의 댐 추진 근거를 제공해 준 것은 어떤 혜택을 기대한 측면도 있을 것이지만, 다수는 정권의 눈치를 보며 마지못해 가담한 결과였을 것으로 추측됩니다. 다만, 이들의 행위가 소극적이었더라도 행위의 결과가 정권이 평화의 댐을 추진하는 데 악용되었기 때문에, 이 글에서는 넓은 의미에서 이들을 '청부과학자'라고 지칭하였습니다.

앞서 설명한 바와 같이, 86년 하반기 정권이 평화의 댐 건설을 추진할 당시 과학기술계 전문가 집단에서 이에 대해 공개적으로 비판한 선례는 찾을 수 없습니다. 정권은 평화의 댐 사기극에 과학기술 명망가들을 이용하려 했고, 여기에 자의건 타의건 과학기술계 일부 인사가 정권의 주장을 옹호하며 호응했습니다. 어떤 혜택을 바라고 가담한 과학기술자도 있겠지만, 아마 대부분은 정권의 눈치를 보며 마지못해 가담했을 것입니다. 이들의 행위가 소극적이었더라도 행위의 결과가 독재정권에게 힘을 실어 주었기 때문에 이들을 '청부과학자'라고 부를 수 있습니다. 청부과학자들은 안기부 주도 대책추진본부 산하의 '자문 전문가 집단'에 참여하였습니다. 또한, 평화의 댐 후보지를 직접 시찰하거나, 학술단체라는 이름을 내걸고 학술세미나와 학술분과위원회를 개최하며 북한을 규탄하거나, 평화의 댐 건설을 촉구하였습니다. 심지어 신문 인터뷰나 TV 방송 출연을 통해 정권의 나팔수가 되었습니다. 이들 중 대표적인 청부과학자 몇 명을 소개합니다.

5. 1. 최○○(당시 고려대 토목공학과 교수이자 대한토목학회장)

86년 당시 고려대학교 토목공학과 교수이자 대한토목학회장을 역임하던 최○○은 그해 여름 금강산댐 관련 안기부 자문위원이었으며, 대책추진본부 산하 '자문 전문가 집단'과 범추위 추진위원으로 활동하였습니다. 비교적 초기부터 정부 입장을 옹호했던 최○○은 대책추진본부가 대국민 성명서 발표로 여론몰이를 하던 시점에 언론 인터뷰나 학술대회를 통해 정부 입장을 적극 지원하였습니다.

또한, 그는 1986년 11월 7~8일에 걸쳐 토목/생태/기상 등 13명 전문가로 조성된 '금강산댐 건설에 따른 북한강 상류 지역 생태계 파악 등을 위한 조사단'에 참여하여 북한강 상류(화천군 일대)를 둘러본 후, "이 지역에 대응댐을 세우면 북한이 금강산댐을 개방해도 물줄기를 북으로 역류시켜 우리 측은 피해를 면하고, 오히려 북한의 저지대가 홍수를 겪게 될 것"이라고 주장했습니다.[19] 얼마 후 최○○은 또 다른 언론사와의 인터뷰를 통해 대응댐을 통한 북한 측의 피해 유발을 다시 강조하였습니다.

11월 28일 진행된 '학술연구발표추진협의회' 주최 『북한 금강산댐 건설

---

19 1986. 11. 8. 동아일보

의 영향평가 및 그 대책에 관한 학술 세미나』(이하 금강산댐 학술세미나)에서 최○○은 금강산댐의 수공 위협과 별개로 남한의 생태계 변화나 기상 이변으로 인한 피해가 막중할 것이라고 주장하였습니다. 또한, 지진 등에 취약한 사력댐임을 감안하면 붕괴로 인한 피해가 예상된다고 주장하며 북한에게는 즉각 중단을, 정부에게는 적극적인 대응책 마련을 촉구하였습니다.[20]

평화의 댐과 관련된 정부 주장에 적극 동조했기 때문에 최○○은 1993년 국회 차원에서 진행된 '평화의 댐 건설진상조사를 위한 국정조사'에서 조사대상자 13명에 포함되기도 했습니다.

5.2. 선우○○(당시 서울대 토목공학과 교수)

1986년 당시 서울대 토목공학과 교수였던 선우○○는 10월 30일 건설부 장관 이규효의 성명서 발표 직후 "북한강 유입량이 줄어들어 발전용수는 물론, 생활용수에 큰 타격을 줄 것으로 보인다. 금강산발전소 건설로 한강수계에 우리 측이 홍수기와 갈수기에 대비한 댐을 세워야 하는 등 부담이 늘어났다. 금강산발전소 댐 건설은 우리나라 안보에 영향을 주므로 국제적으로 건설 자체 또한 군사적 악용을 억제하는 대책이 강구되어야 할 것이다."라고 주장하였습니다.[21]

또한, 선우○○는 11월 28일 진행된 금강산댐 학술세미나에서 "전 세계적으로 5년마다 한 개의 댐이 파괴되고 있고 근래에 와선 무기화되고 있다. 2백만 톤을 저수할 수 있는 댐에선 10만 톤 정도는 쉽게 내려 보낼 수

20 1986. 11. 28. 동아일보
21 1986. 10. 30. 경향신문

있고, 이 정도만으로도 하류엔 굉장히 큰 피해를 줄 수 있다. 금강산댐과 같은 사력댐은 물이 넘치면 순식간에 파괴된다. 1분당 50~60cm씩 균열이 계속되면 높이 200m 댐은 4~5시간이면 파괴될 수 있다."라고 주장하였습니다.[22] 사력댐은 일시에 붕괴할 수 없으므로 그의 주장은 사실이 아닐 뿐 아니라, KBS TV로 녹화중계 되는 상황에서 '서울시 예상침수도'를 들고 금강산댐 위협을 설명했으니 이를 시청한 국민들의 충격은 실로 컸습니다.

한편, 1996년 서울대 총학생회는 선우○○의 총장 임명 반대 성명서를 발표했는데, 이에 대해 그는 "당시 공학적으로 판단할 수 있는 근거자료는 정부에서 발표한 한정된 자료였고, 대응댐을 건설해야 한다는 것은 주어진 자료에 의거해 내린 학자적 판단이다. 지금도 같은 자료라면 똑같은 결론을 내릴 수밖에 없다."라며 자신의 입장을 적극 해명하였습니다.[23] 하지만 총장 재임 초기에 서울대학보인 대학신문과의 인터뷰를 통해서는 기존 입장에서 물러나 평화의 댐이 필요하다는 과거 자신의 주장에 유감을 표명하였습니다.

5. 3. 그 밖의 인물

최○○이나 선우○○ 이외에도 당시 학계에서 유관 학회장 등을 중심으로 학술논문을 통해 정부 입장에 동조한 교수들이 있었습니다. 우선 이○○(당시 서울대 지구과학교육과 교수이자 한국지질학회장)은 범추위 이사이자 학술분과 위원을 역임했고, 금강산댐 학술세미나에서 '금강산댐 건

---

22 1996. 2. 13. 한겨레신문
23 1996. 2. 18. 한겨레신문

설에 따른 지질학적 문제와 예상되는 재해'라는 논문을 발표하였습니다. 또한, 이듬해인 1987년 9월 24일 진행된『군 발전과 과학기술』이라는 심포지엄에서 금강산댐 인근은 지층이 불안정한 추가령 지구대에서 불과 50km 떨어졌는데 댐이 들어서면 지층 간 형평이 깨져 지진 발생 위험이 커진다고 주장했습니다.[24]

홍○○(당시 서울대 교수이자 한국수질보존학회장)도 범추위 추진위원이자 학술분과 위원으로 활동했으며, 금강산댐 학술세미나에서 '금강산댐 건설이 생태계에 미치는 영향'이라는 학술논문을 발표하였습니다. 안○○(당시 강원대 미생물학과 교수) 역시 "금강산댐 건설에 따른 한강의 생태적 변화"라는 칼럼을 통해 금강산댐이 건설되면 북한강 유하량이 감소하여 녹조 발생, 부영양화 심화, BOD 증가와 같은 생태계 파괴는 물론, 수도권 용수 부족 문제가 예상된다고 주장하며 금강산댐 건설 중지를 촉구하였습니다.[25]

학계 인사는 아니지만 청부과학과 관련해서 언급하지 않을 수 없는 이가 바로 이○○(당시 건설부 수자원국장)입니다. 그는 대책추진본부 산하 '관계기관 실무국장회의'에 건설부 대표로서 모두 아홉 차례 참여하며(참여율 90%), 전체 과정을 조율했습니다. 또한, 상대적으로 낮은 국장 직급임에도 불구하고, 북한의 '금강산수력발전소 건설 계획에 관한 백서'에 대해 직접 반박성명까지 발표했습니다. 그는 1987년 국회에서 '서울시 예상 침수도' 작성에 직접 관여했다고 실토했습니다.[26] 이러한 적극적인 행보로 말미암아 이○○은 1993년 국회 국정조사에 증인으로 참석했는데, 장관

24 1987. 9. 22. 경향신문
25 '환경보전(Bulletin of Korea Environmental Preservation Association)' Vol. 9, Issue. 3(1987)
26 1987. 9. 23. 제137회 국회 건설위원회 제1차 회의

급의 다른 증인들에 비해 직급이 낮았음을 고려하면 그가 얼마나 핵심적인 역할을 했는지 추정해볼 수 있습니다.

6. 아직도 진행형인 평화의 댐을 둘러싼 논쟁과 교훈

이상에서 알 수 있듯이 1986년 한국 사회에 반공반북의 광풍을 불러일으켰던 금강산댐의 수공위협과 대응댐으로써의 평화의 댐 추진은 전두환 정권에 의해 조작된 사건이었습니다. 민주화에 대한 열기를 억누르고, 권력기반을 다져 정권을 재창출하겠다는 군사독재 정권이 남북 분단이라는 비극적 상황을 악용해서 벌인 희대의 사기극이었습니다.

얼마 지나지 않아 이 사기극의 실체가 어느 정도 파악되었지만, 최고책임자인 전두환과 이 사기극을 주도했던 안기부장 장세동 이하 관련자들, 유관부처 장관 및 실무자에 대한 사법적 처벌은 이뤄지지 못했습니다. 그리고 이들은 지금까지 그 어떤 사과도 하지 않았습니다.

과학기술계 역시 이 사기극에 대해 공개적인 비판과 반박을 하지 못했습니다. 오히려 거물급 학계 인사들은 과학기술전문가라는 이름을 앞세워 정권의 사기극에 동조하고 이를 지원까지 했습니다. 사건의 실체가 파악되었을 때에도 반성은커녕 일부 인사는 이후에도 영예로운 삶을 누렸습니다. 군사독재정부라는 시대적 상황에서 주도적 위치에 있지 않았다고 하더라도, 청부과학자로서의 이들의 잘못된 행동은 역사의 교훈으로 남겨둘 필요가 있습니다.

안타깝게도 2000년 이후에도 금강산댐이나 평화의 댐을 둘러싼 논쟁은 여전히 현재 진행형입니다. 금강산댐이 붕괴될 수 있다는 오보가 나오거나,[27] 대규모 홍수 발생 시 북한의 방류에 대응하기 위해 평화의 댐이 필요하다는 식의 정당화 논리가 대표적입니다. 이러한 논쟁은 남쪽에서 정치적 갈등으로 비화되는 것은 물론, 남북관계 개선에 걸림돌이 될 수 있다는 점에서 우려됩니다. 심지어 2009년 평화의 댐을 방문한 전두환은 기자의 질문에 다음과 같이 답변했습니다.

"당시 상황으로 봐서 평화의 댐 건설은 반드시 필요했다. 일부 사람들이 영구집권을 위한 수단이라며 반발도 있었지만 지금 와서 볼 때 북한 임남댐 방류에 대한 유일한 버팀목이 되고 있다. 평화의 댐은 국민의 안보와 안녕을 위해서 반드시 필요한 시설인 만큼 관리에 만전을 기해 주길 바란다."[28]

권력과 국가기관에 의해 벌어진 잘못에 대해 진상을 밝히는 것만으로는 부족합니다. 책임자에 대한 법적 심판을 통해 다시는 같은 일이 반복되지 않도록 하는 것이 필요합니다. 또한, 이 과정에 전문성을 앞세워 동조한 청부과학자들의 잘못도 반드시 기록으로 남겨야 합니다. 올바르게 사용되어야 할 과학기술이 악용되어서는 안 되며, 과학기술자는 거짓된 연구를 거부해야 한다는 점을 교훈으로 남길 필요가 있기 때문입니다.

27 2002년 4월 28일 KBS 9시 뉴스에서는 미국 아이코너스 인공위성이 촬영한 사진을 통해 금강산댐의 구조상 문제가 있다고 보도했고, 연이어 5월 3일 건설교통부 수자원국장은 "위성사진 판독 결과, 댐 상부 중앙에 폭 20m, 깊이 15m의 함몰 흔적이 있고, 오른편 두 곳에서도 함몰 흔적이 있다."고 기자회견했습니다. 이와 관련해서 충남대 토목공학과 임희대 교수는 '함몰'이 아니라 '개착(open cut)'의 흔적이며, 물이 고인 것도 붕괴에 의한 것은 아니라고 반박했습니다(2002년 6월 민족 21 '금강산댐 붕괴론 진상').
28 2009. 10. 19. 뉴시스

〈표 2〉「1986년 금강산댐과 평화의 댐 관련 사건」의 경과

- 1986. 2. 4 안기부장 장세동 대통령 전두환에게 금강산댐에 대해 최초 보고
- 1986. 4. 8. 북한, 조선중앙방송을 통해 '제3차 7개년계획'의 일환으로 금강 산발전소 건설 추진 발표
- 1986. 5. 안기부, 금강산댐에 대한 1차 분석 진행
- 1986. 6. 22. 안기부, 금강산댐에 대한 2차 분석 진행
- 1986. 8. 20. 장세동, 전두환에게 금강산댐에 대해 2차 보고
- 1986. 9. 1. 안기부주도 '대책추진본부' 관계기관 실무국장 1차 회의 진행
- 1986. 10. 30. 건설부장관 이규효, 금강산발전소 계획 전면 중단을 요구하는 대북성명서 발표
- 1986. 11. 6. 국방부장관 이기백, '서울시 예상침수도'를 이용하여 금강산댐 붕괴로 인한 물폭탄 주장
- 1986. 11. 13. 서울동대문운동장에서 '금강산댐 건설 서울시민 규탄대회' 진행
- 1986. 11. 21. 문공부장관 이웅희, 금강산댐으로 88서울올림픽을 방해하기 위해 위협할 것이라고 주장
- 1986. 11. 26. 4부 장관(이규효, 이기백, 이웅희, 허문도) 합동담화문을 통해 금강산댐에 대한 대응방안으로서 '평화의 댐' 건설 계획 발표
- 1986. 12. 11. '평화의 댐 건설지원 범국민추진위원회' 결성
- 1986. 12. 15. '평화의 댐 건설추진위원회' 출범
- 1987. 2. 평화의 댐 1단계 공사 착공

제2장

—

KAL 858기 실종사건 (전두환 정부, 1987년)

– 유가족은 여전히 진실규명과 과학적 재조사를 요구

1. 1987년 대통령 선거 전인 11월 29일 KAL 858기 실종

1987년 11월 29일 이라크 바그다드에서 출발하여 아랍에미리트연합(UAE) 아부다비 공항을 거쳐 서울로 향하던 대한항공 858편(이하 KAL 858기)이 미얀마 안다만 해역 상공에서 랑군 관제소와 최후 교신을 한 후 실종되었다는 충격적인 뉴스가 전국을 뒤엎었습니다. 당시는 전두환 정부의 임기 막바지였고, 6월 민주항쟁의 성과물인 대통령 직접선거를 코앞에 둔 상황이었습니다.

사건 발생 직후 미얀마 현지에 조사단을 급파한 관계 당국은 사건의 원인을 채 밝히기도 전에 공중 폭파 가능성을 제기하였습니다. 정부는 사건 발생 이틀이 지난 시점인 1987년 12월 1일, 바그다드에서 탑승했다가 경유지인 아부다비 공항에서 내린 남성 1명과 여성 1명을 용의자로 검거했으나, 모두 음독자살을 기도하여 남성은 중태라고 발표하였습니다. 이후 정부는 12월 7일, 북한이 1988년에 열릴 서울올림픽 개최 방해를 목적으로 KAL 858기를 폭파한 것이며, 용의자로 음독자살에 실패한 일본인 '하치야 마유미'(이하 김현희)의 신병을 확보했다고 발표하였습니다. 그리고 대선 하루 전날인 12월 15일, 용의자인 김현희는 한국으로 압송되었습니다.

1987년 12월 16일 대통령 선거 결과 여당인 민정당 노태우 후보가 당선되었고, 이후 KAL 858기 사건은 국가안전기획부(현 국가정보원, 이하 안기부)가 조사를 주관하게 됩니다. 건설교통부는 12월 19일 유해와 유품도 찾지 못한 채 결국 KAL 858기 탑승객 115명 전원이 사망했다고 공식 발표하였습니다.

이듬해인 1988년 1월 15일, 안기부와 김현희는 기자회견을 통해 북한 공작원 출신인 김현희가 1988년에 열릴 서울올림픽 개최 방해를 목적으로 김일성의 지령에 따라 라디오 시한폭탄(콤포지션 C4)과 약주병으로 위장한 액체 폭발물(PLX)을 이용해 KAL 858기를 폭파했다고 발표합니다.[29] 이것이 당시 정부가 발표한 KAL 858기 실종사건의 요지입니다.[30]

---

29 국가정보원(2007. 10.), 『과거와 대화, 미래의 성찰 – 국정원 '진실위' 보고서·종론(I)』

30 이 책에서는 이 사건을 'KAL 858기 폭파사건'(국가정보원, 2007. 10.)으로 표기하지 않고, 'KAL 858기 실종사건'으로 표기합니다. 이는 이 책에서 살펴보겠지만 아직까지 KAL 858기 탑승자들의 유해, KAL 858기 동체를 발견하지 못하였고, 현재 동체 추정 물체의 인양이 필요하기 때문에 '실종사건'으로 표기한 것입니다. 또한, '폭파에 의한 추락'이라는 사건 당시 안기부 조사 결과에 대한 의문이 존재하며, 여전히 KAL 858기 탑승자 유가족들은 이 사건의 재조사를 요구한다는 점에서 'KAL 858기 폭파사건'이 아닌 'KAL 858기 실종사건'으로 표기합니다.

2. 안기부의 '무지개 공작',
이 사건을 1987년 대통령 선거에 활용

　　　　KAL 858기 실종사건은 전두환 군사 정부가 국민들의 저항으로 위기에 직면한 시기, 구체적으로 1987년 12월 16일 13대 대통령 직접선거가 치러지기 불과 보름 전에 발생하였습니다. 안기부는 대선 하루 전인 12월 15일 오후 김현희를 김포공항으로 압송하면서 이 사건을 정치적으로 적극 활용하였습니다.

　노무현 정부 시기 「국정원 과거사건 진실규명을 통한 발전위원회」(이하 국정원 진실위)가 조사한 결과에 따르면, 당시 안기부는 KAL기 폭파사건 직후 이를 대통령 선거에 이용하려 계획하였고 실제로 활용합니다. '대한항공기 폭파사건 북괴음모 폭로공작(이하 무지개 공작)'이라는 문건을 통해 공개된 내용을 살펴보면, 안기부는 '대선사업 환경을 유리하게 조성'하는 것을 목적으로 사건이 발생한 1987년 11월 29일로부터 사흘 뒤인 12월 2일 '무지개 공작' 계획을 수립합니다.[31]

　'무지개 공작' 계획에는 이 사건을 북한이 대선 및 서울올림픽 방해를 위해 자행한 테러로 규정하고, 유족을 포함한 국민 각계의 대북규탄집회 등을 통해 북한 규탄 분위기를 확산하는 등 구체적인 공작 목표가 담겨있었습니다.[32] 또한 대통령 선거일인 12월 16일 이전에 수사 중간결과를 반드시 발표한다는 내용도 있었습니다.[33]

31　뉴스타파(2019. 03. 31.), "대선 전에 김현희 압송, 비밀 외교문서로 본 '무지개 공작'"
　　사건의내막(2018. 06. 04.), "KAL 858기 폭발사건 16년 추적, 신성국 신부"
　　통일뉴스(2019. 05. 28.), "법원, KAL 858 '무지개공작 문건' 비공개 부분 일부 공개 판결"
　　통일뉴스(2021. 10. 13.), "KAL 858기 유족들, 진실화해위에 진실규명 신청서 접수"
32　국가정보원(2007. 10.), 『과거와 대화, 미래의 성찰 – 국정원 「진실위」 보고서·총론(I)』
　　사건의내막(2018. 06. 04.), "KAL 858기 폭발사건 16년 추적, 신성국 신부"
33　통일뉴스(2021. 10. 13.), "KAL 858기 유족들, 진실화해위에 진실규명 신청서 접수"

실제로 '무지개 공작'의 목표에 따라 김현희는 대선 하루 전인 12월 15일 오후 김포공항에 도착하였고, 언론은 이를 생생히 보도하였습니다.[34] 김현희는 '무지개 공작' 문건에 명시된 대로 1988년에 열릴 서울올림픽 개최 방해를 목적으로 KAL 858기를 폭파한 것이라 이야기 합니다. 정부는 사고조사가 제대로 이뤄지지 않은 상황에서 사고 원인을 북한의 공작이라 발표하고 언론은 이를 그대로 보도하였습니다.

'무지개 공작'이 목표한 대로 이후 여당인 민정당 노태우 후보가 대통령에 당선되어 군사 정부는 연장되었습니다. 1988년 1월 15일 안기부는 조사를 주관해 '북한 공작원 김현희 소행의 공중폭파'로 결론 내립니다.

> "1. 목적.
> 11. 29. 버마 상공에서 폭파 실종된 대한항공 여객기 사건이 북괴의 테러 공작임을 폭로, 북의 만행을 전 세계에 규탄하여 북괴를 위축시켜 국민들의 대북 경각심과 안보의식을 고취함으로써 가능한 대선 사업 환경을 유리하게 조성"
>
> '대한 항공기 폭파사건 북괴 음모 폭로 공작'(무지개 공작) 문서 中[35]

> "당시 정부와 안기부는 대통령 선거를 앞두고 이 사건을 여당 후보에게 유리하게 이용하기 위해 선거 前에 김현희를 압송하려는 외교적 노력을 기울였으며,
> 전국적인 '북괴 만행 규탄' 분위기 조성을 위해 내무부·안기부 등 10개 기관이 합동으로 'Task Force'를 운영하는 등 범정부 차원에서 정

---

34 뉴스타파(2019. 03. 31), "대선 전에 김현희 압송, 비밀 외교문서로 본 '무지개 공작'"
35 사건의내막(2018. 06. 04.), "KAL 858기 폭발사건 16년 추적, 신성국 신부"

치적으로 이용했고,

김현희에 대한 재판이 시작되기 이전부터 구제 활용방안을 검토하는 등 사건이 종결되지 않은 상태였음에도 사면을 추진했던 것으로 밝혀졌음"

국가정보원(2007.10), 『과거와 대화, 미래의 성찰 − 국정원 「진실위」 보고서·총론(Ⅰ)』 中

그렇다면 정부가 이 사건의 주범으로 지목한 김현희는 어떻게 되었을까요? 놀랍게도 김현희는 1990년 3월 27일 대법원 판결을 통해 살인죄, 항공기폭파치사죄, 국가보안법위반 등이 적용되어 사형이 확정되었지만, 4월 12일 곧바로 특별 사면되어 석방되었습니다. 당국은 '역사의 산증인'으로 살려두기 위함이라고 김현희 석방 이유를 설명했습니다. 이후 밝혀졌지만, 당시 정부는 김현희를 검찰에 송치하기 전 이미 KAL 858기 폭파 만행의 산증인으로서 '살려서 활용한다'는 원칙하에 형 확정과 동시에 구제하여 활용한다는 방침을 결정하였습니다.[36]

사고조사가 제대로 이뤄지지 않은 상황에서 사고 원인의 발표, KAL 858기 동체를 찾지 못한 상태에서의 공중 폭파라는 결론, '폭탄 테러'의 근거인 폭약에 대해서는 김현희의 진술로만 추정한 점, 이 사건을 대선에 활용한 안기부 '무지개 공작'의 내용, 김현희를 '살려서 활용한다'는 정부 방침 등 당시 정황을 종합해보면, 전두환 정부는 이 사건을 '진실과는 상관없이' 정권 재창출을 위해 철저하게 이용한 것으로 판단됩니다.[37] 심지어 전두환 정부는 실종자 가족들을 감시하고, 정부 비판을 못하도록 협

36 국가정보원(2007. 10.), 『과거와 대화, 미래의 성찰 − 국정원 「진실위」 보고서·총론(Ⅰ)』
37 뉴스엠(2019. 07. 31.), "32년 쌓인 KAL 사건 희생자 고통 품은 성직자"

박했으며, 또한 반북한 집회에 동원하는 등 정치적으로 이용했습니다.[38] KAL 858기 실종자 유가족들의 고통은 가족을 잃은 슬픔에 더해, 정부가 사건의 진실을 밝히는 데는 온 힘을 다하지 않고 이 사건을 정치 공작에 활용한 것에도 기인합니다.

"당시 안기부의 수사결과발표를 곧이곧대로 받아들인다고 해도, 100명이 넘는 국민이 목숨을 잃은 테러 '공작'을 정권을 이어가기 위한 정치 '공작'으로 활용한 참담한 정부에 대한 책임은 어디에 묻고 사과는 누구에 받아야 하는 것입니까.

34년 동안 사람들의 기억에서 점점 잊혀져가고 있지만 유가족들의 참담한 고통은 오늘까지 쌀 한 톨의 무게만큼도 덜어지지 않았습니다. 아직도 어딘가에 살아있을 것만 같다는 실낱같은 믿음에 이사도 안가고 전화번호도 바꾸지 않은 채 살아가는 유가족들도 있습니다."

진실·화해를 위한 과거사정리위원회에 진실규명 신청서를 제출하며(2021.10.3.) 中[39]

3. KAL 858기 실종에 대한 합리적 의혹

당시 정부는 KAL 858기 실종사건 발생부터 폭파라는 결론도출, 폭파 용의자 검거, 김현희 사형 선고 및 특별사면까지 일사천리로 사건을 수습하였습니다. 그러나 사고 원인에 대한 과학적 분석 및 근거 제시는

38 통일뉴스(2021. 10. 13.), "KAL 858기 유족들, 진실화해위에 진실규명 신청서 접수"
39 통일뉴스(2021. 10. 13.), "KAL 858기 유족들, 진실화해위에 진실규명 신청서 접수"

부족했고, 또한 KAL 858기 동체도 발견하지 못하여 '폭발'이라는 결론을 검증하지 못하였습니다. 서슬 퍼런 군사 정부는 북한이 저지른 사건인데 어떤 설명이 더 필요하냐며, 이 사건에 대한 어떠한 의문도 제기하지 못하게 하였습니다. 심지어 유가족들의 진실을 향한 요구에 대해서는 국익을 해친다며 침묵을 강요하였습니다.[40] 이로 인해 사건의 진실이 명확히 밝혀지지 못했고, 유가족들의 슬픔과 고통은 오늘까지 이어지고 있습니다.

노무현 정부 시기 '국정원 진실위'가 이 사건을 재조사하였지만, 사건의 실체적 진실에 접근하지 못하였고 유가족들의 의문도 해소하지 못하였습니다. '국정원 진실위'는 재조사에서 KAL 858기 폭파사건을 '북한 공작원에 의해 벌어진 사건'으로 규정하였고, 또한 '폭탄 테러'로 발생한 '공중폭발로 인한 추락'으로 사고 원인을 추정하여 전두환·노태우 정부 시기 결론을 반복하였습니다.[41]

그러나 '국정원 진실위'가 스스로 인정하듯 '사건 규정'과 '사고 원인' 추정에는 여전히 한계가 존재했습니다. 첫째, '국정원 진실위'는 이 사건의 진실을 확인하는데 가장 중요한 증인인 김현희를 조사하지 못하였습니다. 객관적 물증 없이 김현희 자백만으로 KAL 858기가 공중폭발로 추락했다고 결론 내린 전두환·노태우 정부 시기 결론을 검증하기 위해서도 김현희에 대한 재조사는 필수적이었지만, '폭파범' 김현희에 대한 조사는 없었습니다.

둘째, '폭탄 테러로 인한 추락'이라 추정하는 실종 원인을 검증할 증거인 KAL 858기 동체를 발견하지 못해 조사하지 못하였습니다. '국정원 진실위'는 1987년 12월에 발견된 구명보트와 1990년 2월과 3월 발견된 동체 잔해는 KAL 858기의 잔해라고 판단했지만, 동체 발견에는 실패해 실제

40 뉴스엠(2019. 07. 31.), "32년 쌓인 KAL 사건 희생자 고통 품은 성직자"
41 국가정보원(2007. 10.), 『과거와 대화, 미래의 성찰 – 국정원 「진실위」 보고서·총론(I)』

폭발의 증거를 확인하지 못했습니다.

셋째, '폭탄 테러'의 근거인 폭약의 종류와 양에 대해서도 명확히 밝히지 못하였습니다. 당시 안기부가 폭약의 이름과 양을 김현희의 진술을 근거로 추정한 점, 폭약 입수 경위가 불분명한 점, 해당 폭약과 추정된 양으로 비행기 폭파가 가능하다고 보기 어렵다는 점 등 제기된 의문 등을 감안하면 '국정원 진실위'는 폭약과 관련된 검증을 진행했어야 했으나 그러지 못하였습니다.

이처럼 '국정원 진실위' 조사결과는 치명적 결함을 보였으나, 그럼에도 "KAL 858기 폭파사건이 북한 공작원에 의해 벌어진 사건임을 확인" 했다는 결론을 내립니다. 그러나 이는 무리한 결론이었으며, 심지어 '국정원 진실위'조차 조사 결과의 신뢰성 등 한계를 인정합니다.

"나.「진실위」조사의 한계

1) 강제적인 조사 권한이 없어 김현희를 면담하지 못함으로써 조사 결과에 대한 신뢰성이 떨어질 수 있다는 지적을 받을 수 있음

2) 폭탄양이 수사발표 내용보다 적을 것이라고는 판단되나 여전히 그 양과 종류 그리고 폭파 후 동체 추락 상황을 정확히 파악하지 못한 부분은, '폭탄 테러로 인한 추락'이라고 실종 원인을 추정하는 데 있어서 미진한 부분임

3) 수색을 진두지휘했던 당시 대한항공 사장이 면담을 거부함으로써, 사고 직후 사태판단과 의사결정 과정을 좀 더 분명하게 파악하지 못한 부분은, 수색상황에 대한 전반적인 조사완결성에 비춰봤을 때 아쉬운 부분임

4) 미얀마 현지 주민들과 군·경에 대한 탐문을 통해 KAL 858기가 안다만해(Heinze Bok, 群島) 주변에 추락했고, 同 지점에서 잔해를 목격했다는 증언들을 확보하고, 두 차례에 걸쳐 현장을 탐사 하였으나, 동체 확인에 실패함으로써 결과적으로 유가족들에게 다시 한 번 상처를 주게 된 것은 크나큰 아쉬움으로 남게 되었음

국가정보원(2007. 10.),
『과거와 대화, 미래의 성찰 – 국정원 「진실위」 보고서·총론(I)』 pp. 272~273

'국정원 진실위'가 조사의 한계를 인정했다면, 섣부른 결론을 내리기보다는 KAL 858기 실종사건에 대해 조사하지 못한 의문점을 정리하고 추가 조사의 필요성을 제시하는 것이 바람직하였습니다. 하지만 '국정원 진실위'의 무리한 결론은 이 사건을 정치적으로 악용하며, 오히려 사건 진실 규명을 외면한 당시 군사 정부와 안기부에게 면죄부를 주었을 뿐만 아니라, 이 사건에 대한 합리적 의문제기를 문제시하고 재조사 요구를 무시하는 상황을 만들었습니다.

일부에서는 노무현 정부의 '국정원 진실위'와 '진실·화해를 위한 과거사 진상규명 위원회'가 사건을 재조사해 '북의 테러로 결론 내렸다.'라고 주장하고 있지만, 이는 사실이 아닙니다.[42] 노무현 정부의 1기 '진실·화해를 위한 과거사 진상규명 위원회'는 2007년 재조사를 시작했지만, KAL 858기 유족들이 신청을 취하하여 조사가 중단되었습니다. 따라서 1기 '진실·화해를 위한 과거사 진상규명 위원회'는 KAL 858기 실종사건에 대해 어떠한 결론도 내리지 않았습니다. 오히려 '국정원 진실위' 조사결과에 대해서

42 박강성주(2021), 『눈 오는 날의 무지개: 김현희-KAL 858기 사건과 비밀문서』, 도서출판 선인

는 핵심 쟁점에 대한 의혹이 여전히 풀리지 않고 있으며, 주요 쟁점에 대한 사실관계 판단을 입증자료 없이 추정 판단한 경우가 다수 있다고 강하게 비판하였습니다.[43]

한편 전두환·노태우 정권과 노무현 정부 시기 '국정원 진실위'의 결론인 '폭탄 테러로 발생한 공중폭발로 인한 추락'이라는 사고 원인에 대해서는, 현재까지도 여러 전문가들이 과학적 의혹을 제기하고 있습니다. 이중 폭약의 종류와 양, 잔해 수색 및 사고 조사에 대한 의혹을 간략히 정리하면 다음과 같습니다.

첫째, 폭약의 종류와 양에 대한 의혹입니다. 1988년 1월 15일 당시 정부는 수사 발표에서 김현희가 '콤포지션 C4 350g과 액체폭약 PLX(Picatiny Liquid Explosive) 700cc'로 KAL 858기를 폭파했다고 하였습니다. 하지만 폭약의 이름과 양은 "폭탄을 라디오와 양주병으로 위장했다."라는 김현희의 진술을 근거로 당시 안기부가 임의로 추정한 것이었습니다. '국정원 진실위'는 액체폭약으로 사용됐다는 '약주병 혹은 물약병의 반입'에 대해서는 김현희 진술만 있을 뿐 이를 확인해 주는 문건은 없다고 조사하였습니다. 정부는 KAL 858기가 폭탄테러를 당했다고 주장했지만, 폭약의 이름과 양에 대해서는 명확한 근거를 제시하지 못한 것입니다.[44]

KAL 858기 유족들과 전문가는 폭약의 종류와 양에 대한 안기부의 조사 결과가 사실과 부합하지 않는다는 점을 지적해 왔습니다. C4 폭약과 액체폭약 PLX만으로는 교신도 할 수 없을 정도의 강력한 폭발이 일어날 수 없고, PLX는 햇볕과 열, 진동에 민감하게 반응하기 때문에 실제 테러에서 사용되는 경우가 거의 드물고, C4는 표준제품으로 사제폭약의 일종

43 박강성주(2021), 『누 오는 날의 무지개: 김현희-KAL 858기 사건과 비밀문서』, 도서출판 선인
44 국가정보원(2007. 10.), 『과거와 대화, 미래의 성찰- 국정원 「진실위」 보고서·총론(I)』

인 PLX와 함께 사용하지도 않으며, 바레인에서 자살한 김승일 의복에서 TNT 반응이 나온 것은 C4 대신 TNT를 사용해 비행기 폭파 예행연습을 했을 가능성을 보여준다는 것입니다.[45]

둘째, 잔해 수색과 사고 조사에 대한 의혹입니다. KAL 858기 사건은 안기부가 조사를 주관하였고, 유해와 유품도 찾지 못한 채로 조사를 종결하였습니다. '국정원 진실위'는 잔해 수색 과정에서 "사건의 실체를 숨기거나 조작하기 위한 행위는 없었다."라고 판단하였지만, '국정원 진실위'에서 스스로 밝히듯 KAL 858기 동체 확인에 실패하였고, 또한 당시 수색을 진두지휘했던 대한항공 사장을 조사하지 못해 사고 직후 사태 판단과 의사결정 과정을 분명하게 파악하지도 못하였습니다.

KAL 858기 유족들과 전문가는 잔해 수색과 사고 조사에 대한 의혹을 지적해 왔습니다. 사고 조사가 독립적인 기관을 통해 이루어지지 않았고, 초기 조사를 교통부가 주관하지 않고 '무지개 공작'을 담당한 안기부가 사고 조사 및 수사까지 전담하였고, 사고기 잔해에 대한 조사가 이루어지지 못했다는 것입니다.[46]

4. KAL 858기 동체 추정 물체 인양과 재조사가 필요

"KAL 858기 탑승자의 가족들은 고통과 기다림 속에 미얀마의 바

---

45 연합뉴스(2005. 07. 07.), "폭파전문가, 화물칸서 TNT폭발 가능성 제기"
46 사람과사회(2019. 07. 12.), "KAL 858, 진실은 무엇인가?"
    뉴스엠(2019. 07. 31.), "32년 쌓인 KAL 사건 희생자 고통 품은 성직자"

다에 잠들어 있을 것으로 추정되는 물체의 수색 조사를 목전에 두고 있다. … (중략) … 우리는 이 수색 조사가 적법하고 정의롭게 그리고 실수 없이 진행되어 진실이 인양되길 간절히 바란다."

'제33주기(2020. 11.) KAL 858기 사건 희생자 추모식' 성명서 中

'국정원 진실위'의 재조사 이후 사건의 실체적 진실이 밝혀지지 못하고 역사 속으로 묻힐 뻔한 KAL 858기 사건의 진실은 동체로 추정되는 물체가 발견되면서 새로운 전환점을 맞이하게 되었습니다. 2020년 1월 4일 대구 MBC 특별취재팀이 미얀마 안다만 해저에서 KAL 858기로 추정되는 동체를 수중에서 촬영하고 보도한 것입니다.

만약 안다만 해저에서 발견한 동체가 KAL 858기로 밝혀진다면, KAL 858기 사고 원인에 대한 의문이 해소되고 진실 규명에 다가갈 수 있을 것입니다. 항공기 잔해를 찾아 분석하면 폭발의 장소, 원인, 규모 등 정확한 사고 원인을 밝힐 수가 있을 것이며, 또한 항공기 계기는 충돌 당시 상황을 기록하고 있을 가능성이 커 블랙박스를 찾게 되면 사고 원인을 밝힐 수 있을 것이기 때문입니다.[47]

그러나 2020년 1월 대구 MBC 보도 이후 문재인 대통령이 KAL 858기 동체 추정 물체에 대한 현지 조사방안을 강구하라고 지시하였지만, 2022년 2월 현재까지도 현지조사는 진행되지 못하고 있습니다.

KAL 858기와 함께 실종된 탑승자의 가족들은 1987년 사건발생 이후 지금까지 사건의 진실과 관련해 여전히 의문을 제기하고 있습니다. 2021년 10월 KAL 858기 유가족들은 이 사건의 진실을 규명해 달라며 2기 '진

---

47 사람과사회(2019. 07. 12.), "KAL 858, 진실은 무엇인가?"

실·화해를 위한 과거사 진상규명 위원회(이하 2기 진실화해위)'에 진실규명 신청서를 접수했습니다. 2007년 1기 진실화해위가 진상규명에 착수했지만, 유족들이 이를 철회한 뒤 14년 만에 재신청한 것입니다.

유가족들은 2기 진실화해위에 안기부의 이 사건 개입 여부 또는 사전 인지 여부, KAL 858기가 정말 폭탄에 의해 폭파되었는지 여부, 1987년 대통령선거에 적극 활용하였다는 '무지개공작'의 실체, 김현희가 진짜 북한공작원인지 등에 대해 답해 줄 것을 요구했습니다. 이는 앞서 이 책에서 KAL 858기 실종사건의 의혹으로 정리한 내용이기도 합니다.

> "KAL 858기 유가족들은 34년간 변함없이 질문하고 있습니다. 과연 이 사건에 안기부가 개입하였거나 사전에 인지하였는지 여부, KAL 858기는 정말 폭탄에 의해 폭파되었는가 여부, 1987년 대통령선거에 적극 활용하였다는 '무지개공작'의 실체여부, 유가족들이 정권에 의해 반북한 활동에 이용되고 공안기관의 감시와 미행 등 정신적·물리적 인권침해를 당했는가 여부, 김현희는 진짜 북한 공작원인가 여부 등 유가족들이 제기하는 질문에 의혹 없이 답해주길 바래왔습니다."

진실·화해를 위한 과거사정리위원회에 진실 규명 신청서를 제출하며(2021. 10. 3.) 中[48]

KAL 858기 실종사건 재조사는 사건의 실체적 진실을 알고자 하는 국민의 바람이 큰 사안입니다. 아울러 국정원 등 이 사건의 책임이 있는 국가 기관에서도 이 사건을 재조사가 필요한 사건으로 꼽기도 했습니다. 노무현 정부 시기 '국정원 진실위'가 국정원 직원들을 대상으로 진행한 설문

---

48 통일뉴스(2021. 10. 13.), "KAL 858기 유족, 진실화해위에 진실규명 신청서 접수"

조사에 따르면, 국정원 직원들은 KAL 858기 실종사건을 반드시 규명해야 할 과거사 조사 사건 1순위로 응답했지만, 동시에 선정이 부적절한 과거사 조사 사건 1순위로도 응답했습니다.[49] 이같이 모순적인 국정원 직원들의 설문조사 결과는 이 사건에 대한 의혹과 진실에 대한 재조사가 더욱 필요하다는 점을 보여줍니다.

당시 KAL 858기 탑승객 115명은 승무원을 제외하고 대부분 중동 지역에서 일하다 고대하던 고향으로 돌아가던 노동자들이었습니다. 30년 넘는 세월 동안 이 사건의 진실을 알기 위해 유가족들은 정부에게 변함없이 질문하고 있습니다. 115명의 희생자들과 오랜 기간 가족을 잃은 한을 안고 살아오신 유가족들을 위해 이 사건에 대한 재조사는 필요하며, 마땅히 국가는 그 책임과 의무를 다해야 할 것입니다.

<표 3> 「KAL 858기 실종사건」의 경과

1987년 사건 발생
– 1987. 11. 29. 이라크 바그다드에서 출발해 서울로 향하던 대한항공 858편(이하 KAL 858기)이 미얀마 안다만 해역에서 실종
– 1987. 12. 02. 안기부는 KAL기 실종사건을 대통령 선거에 이용할 목적으로 '대한항공기 폭파사건 북괴음모 폭로공작(무지개 공작)' 계획을 수립
– 1987. 12. 07. 정부는 북한이 1988년에 열릴 서울올림픽 개최방해를 목적으로 KAL 858기를 폭파한 것이며, 용의자로 '하치야 마유미(이하 김현희)'의 신병을 확보했다고 발표
– 1987. 12. 15. 제13대 대통령 선거 전날, 김현희를 김포공항으로 압송
– 1987. 12. 16. 제13대 대통령 선거 결과, 여당인 민정당 노태우 후보가 대통령에 당선
– 1987. 12. 19. 정부는 유해와 유품도 찾지 못한 채 KAL 858기 탑승객 115명 전원이 사망했다고 공식발표
– 1988. 1. 15. 안기부는 조사를 주관해 '북한 공작원 김현희 소행의 공중폭파'로 결론

---

49 국가정보원(2007. 10.), 『과거와 대화, 미래의 성찰 – 국정원 「진실위」 보고서·총론(I)』

「국정원과거사건 진실규명을 통한 발전 위원회」 재조사 결과
- '국정원 진실위'는 재조사에서 'KAL 858기 폭파사건이 북한 공작원에 의해 벌어진 사건'으로 규정하였고, 또한 '폭탄 테러'로 발생한 '공중폭발로 인한 추락'으로 사고 원인을 추정하여 전두환·노태우 정부 시기 결론을 반복
- 그러나 '국정원 진실위' 스스로 인정하듯 '사건 규정'과 '사고 원인' 추정에는 여전히 한계가 존재

2020년 KAL 858기 추정 동체 발견 이후 현재
- 2020. 1. 4. 대구 MBC 특별취재팀이 미얀마 안다만 해저에서 KAL 858기로 추정되는 동체를 수중에서 촬영하고 보도
- 이후 문재인 대통령이 KAL 858기 동체 추정 물체에 대한 현지 조사방안을 강구하라고 지시하였지만, 2022년 2월 현재까지도 아직 현지조사는 진행되지 못하고 있음
- 2021. 10. 13 KAL 858기 유가족들이 2기 '진실·화해를 위한 과거사 진상규명 위원회'(이하 2기 진실화해위)에 진실규명을 신청

제3장

—

강기훈 유서대필 조작사건 (노태우 정부, 1991년)

– 국가 기관이 주도한 조작 사건

1. 친구의 유서를 대필하고 자살을 방조했다는 누명

　　1991년은 우리 현대사에서 특별한 기억으로 남아 있는 시기 중 하나입니다. 1991년은 노태우 정부(1988년 2월 ~ 1993년 2월) 후반기였습니다. 노태우 정부는 1987년 6월 민주항쟁 이후 대통령 직접 선거로 당선되어, 전두환 군사 정부 다음으로 등장했습니다. 6월 민주항쟁을 경험한 국민들은 노태우 정부에게 기대를 하였지만, 대통령 자신이 전두환의 친구이자 1979년 12·12 쿠데타, 그리고 1980년 5월 광주에서 시민들의 항쟁을 탄압했던 주역이었기 때문에, 노태우 정부는 전두환 세력을 단죄하지 못하였고 또한 민주화를 바라던 국민들의 열망을 받아 안기에는 한계가 있었습니다.

　공안정국은 정부 또는 집권세력이 정치적 반대세력을 탄압하기 위하여 사회질서와 국가안보에 심각한 위험이 생긴 것처럼 과장해 조성한 정치적 국면을 말하는데[50], 노태우 정부는 1989년 문익환 목사 방북을 계기로 공안정국을 조성해 국민들의 민주화 열망을 탄압하게 됩니다.

1991년은 노태우 정부의 집권 후반기로 공안정국이 지속되던 시기였고, 더군다나 수서지구 특혜분양사건, 국회의원 뇌물외유 사건, 대구 페놀 방류사건 등으로 대표되는 각종 부정부패와 비리사건이 불거지던 시기였습니다.[51] 노태우 정부에 대한 국민들의 불신과 분노로 국민들은 정부에 항의하는 시위를 이어갔고, 노태우 정부는 위기에 처하게 됩니다.

이러한 시대적 상황에서 1991년 4월 26일 명지대학교 신입생 강경대 학생이 시위 도중 진압경찰의 쇠파이프에 맞아 사망하는 사건이 발생합니다. 분노한 국민들은 거리로 뛰어나갔고, 국민들과 재야세력은 1991년 4월 27일 범국민대책회의를 결성합니다. 이후 6월 29일까지 약 60여 일간 전국적으로 집회와 시위를 벌이며 민주화를 요구합니다. 이 시기 1991년 4월 29일 전남대 박승희, 5월 1일 안동대 김영균, 5월 3일 경원대 천세용 학생이 잇따라 노태우 정부에 항의하며 분신하였고, 4월부터 두 달 사이 모두 13명이 분신, 투신, 의문사로 사망하는 유례없는 일들이 벌어집니다.[52]

「강기훈 유서대필 조작사건」은 이러한 시대적 상황의 한가운데에 있었던 사건입니다. 1991년 5월 8일 김기설 당시 전국민족민주연합(이하 전민련) 사회부장이 서강대 옥상에서 분신하는 사건이 발생합니다. 현장에서 노태우 정부와 집권당인 민주자유당(이하 민자당)을 비난하는 내용 등

---

50 한국학중앙연구원, 한국민족문화대백과(http://encykorea.aks.ac.kr)
51 진실·화해를 위한 과거사 정리위원회(2007), 「2007년 하반기 조사보고서」, "강기훈 유서대필 의혹사건"
52 진실·화해를 위한 과거사 정리위원회(2007), 「2007년 하반기 조사보고서」, "강기훈 유서대필 의혹사건"

이 쓰여 있는 김기설 씨 명의의 유서가 발견되었고, 1991년 7월 검찰은 전민련에서 김기설 씨와 함께 일하던 강기훈 씨가 자살을 부추길 목적으로 유서를 대필하고 자살을 방조했다는 혐의로 강기훈 씨를 기소합니다.[53] 이것이 당시 검찰이 주장한 유서대필 사건의 요지입니다.

강기훈 씨는 1991년 12월 제1심과 1992년 4월 제2심에서 징역 3년형을 선고받았고, 1992년 7월 대법원은 판결을 확정합니다. 이후 강기훈 씨는 동료의 유서를 대필하고 자살을 방조했다는 죄목으로 1994년 8월 만기출소까지 꼬박 3년을 감옥에서 보내게 됩니다. 그리고 강기훈씨와 재야세력은 동료의 죽음까지 이용하는 비인간적, 비이성적 집단으로 매도당합니다.

2. 강기훈은 유서를 대필하지도, 자살을 방조하지도 않았다

"다시 한 번 강조해서 말씀을 드리지만, 저는 유서를 대신 쓴 적이 없으며 혹시 꿈에라도 같이 일하던 동료의 죽음을 부추기거나 자살을 돕거나 그 어떤 목적을 위해서는 수단 방법을 가리지 않아도 된다는 비인간적인 상상을 해본 적이 없습니다. 그렇게 살아오지 않았고 앞으로도 그렇게 살 생각이 없습니다."

강기훈 씨의 재심 공판(2014. 10. 14) 최후진술 中[54]

---

53 오마이뉴스(2014.02.20.), "'강기훈 사건' 재심 결심공판의 이석태 변호사 최후 변론유지서"
54 오마이뉴스(2014.02.13.), "[전문] 강기훈씨의 재심 공판 최후진술"

강기훈 씨는 동료의 유서를 대필하고 자살을 부추긴 잔인하고 냉혹한 사람이었을까요? 아닙니다. 강기훈 씨는 유서를 대필하지도 않았고, 자살을 방조하지도 않았습니다. 「강기훈 유서대필 조작사건」의 진실은 노태우 정부, 검찰 등이 1991년 당시 직면한 정치적 위기를 반전하고 민주 세력을 탄압하기 위해, 이 사건을 조작해 정치적으로 이용한 것이었습니다. 당시 청와대와 검찰 수뇌부는 김기설 씨의 분신 이후 하루 이틀 사이에 사건 수사 방향을 유서 대필로 정하고, 유서 필적에 대한 감정결과가 도착하기도 전에 유서대필자를 강기훈 씨로 특정하였습니다.

2018년 11월 '법무부 검찰 과거사위원회'는 「강기훈 유서대필 조작사건」을 "사건 발생 직후 정권의 부당한 압력이 검찰총장의 지시사항으로 전달되었고, 그에 따라 초동수사의 방향이 정해지면서 무고한 사람을 유서 대필범으로 조작하여 그에게 씻을 수 없는 상처"를 준 사건으로 규정하였습니다.[55] 그리고 이 사건을 '권위주의 정권 시절의 검찰권 남용 및 오심의 대표적 사례'로 꼽으며, 검찰 과오에 대한 반성과 검찰총장의 직접 사과가 필요하다고 권고하기도 하였습니다.[56]

---

55 법무부 검찰 과거사 위원회(2018.11.12.), "「강기훈 유서대필 사건」 조사 및 심의결과", 보도자료
56 법무부 검찰 과거사 위원회(2018.11.12.), "「강기훈 유서대필 사건」 조사 및 심의결과", 보도자료

〈표 4〉「강기훈 유서대필 조작사건」의 전모

- 노태우 정권은 김기설의 분신자살 사건 발생 1시간 전인 1991. 5. 8. 오전 7시경 대통령 비서실장, 안기부장 등이 참석한 '치안관계장관회의'를 개최하여 계속되는 분신에 대한 대응책을 논의하였고, 회의결과는 곧바로 검찰수뇌부에 전달되어 같은 날 정오 경 검찰총장 정구영은 '최근 발생한 분신자살사건에 조직적인 배후세력이 개입하고 있는지의 여부를 철저히 조사할 것'을 전국 검찰청에 하달하였음

- 사건 발생 당일 이례적으로 변사사건 발생지 관할이 없는 서울지검(현 서울중앙지검)으로 사건이 이송되어 '오전' 중에 서울지검 강력부 검사 전원 및 공안부 검사 2명을 포함하는 대규모 수사팀이 꾸려졌으며, 수사 개시 후 하루이틀 사이에 유서대필이란 수사방향이 정해졌음

- 유서대필로 수사방향을 잡은 수사팀은 몇 명의 후보자를 대상으로 조사를 진행하였고, 최초의 국과수 필적감정결과(1991. 5. 15.)가 도착하지도 않은 상황에서 육안으로 대조한 필적의 유사성만을 근거로 유서대필자를 강기훈으로 특정하였음

- 정권에 의한 수사방향 지시
  - 당시 긴급하게 개최된 '치안관계장관회의'에서 분신정국에 대한 대응책을 마련하라는 지시가 있은 직후 검찰총장이 분신의 배후를 철저히 수사하라는 지시를 내린 점.
  - 사건 발생 직후 전격적으로 수사팀이 서울지검 강력부에 구성되고 사건 발생 하루 이틀 사이에 유서 대필 쪽으로 방향이 잡힌 점.
  - 유서의 필적과 김기설의 필적이 동일한지에 대한 감정회보가 도착하기도 전에 강기훈을 용의자로 특정한 점 등을 종합하여 볼 때,
  - 사건 발생 초기 분신의 배후에 대한 수사라는 가이드라인이 수사팀에 전달되었고, 이는 당시 청와대와 검찰 수뇌부에 의한 것으로 판단됨

출처: 법무부 검찰 과거사 위원회(2018. 11. 12.)의
『강기훈 유서대필 사건』 조사 및 심의 결과' 中[57]

57 법무부 검찰 과거사 위원회(2018. 11. 12.), 『강기훈 유서대필 사건』 조사 및 심의결과', 보도자료

3. 당시 국립과학수사연구소 감정인들은 진실을 추구했을까?

「강기훈 유서대필 조작사건」은 무고한 사람을 유서 대필범으로 조작한 사건으로 당시 수사 방향을 결정한 청와대와 검찰 수뇌부가 무엇보다 조작의 주동자라고 볼 수 있습니다. 그런데 여기에 조작사건의 결정적 근거로 과학을 사칭해 진실을 왜곡한 가짜 증거가 악용되었습니다.

강기훈 씨 유죄 판결의 핵심 직접 증거는 김기설 씨가 남긴 유서의 필적 감정 결과였는데, 이 필적 감정 결과는 검찰이 요구해 당시 국립과학수사연구소(2010년에 현재 국립과학수사연구원으로 승격, 이하 국과수) 문서분석실장이던 김○○ 씨가 제출한 것이었습니다.[58] 국과수는 김기설 씨의 유서와 강기훈 씨의 필적은 동일하나, 유서와 김기설 씨의 필적은 서로 상이하다고 감정했고, 이 결과는 '강기훈 씨가 유서를 대필했다.'라는 조작사건의 핵심 증거가 되었습니다.

그러나 이 필적 감정은 완벽히 잘못된 것이었습니다. 2007년 '진실·화해를 위한 과거사 정리위원회(이하 진실화해위)' 재조사에서 그 진실이 드러납니다.

<표 5>는 김기설씨의 「유서」에 대한 1991년 국과수 감정결과와 2007년 진실화해위가 현 국과수 및 7개 사설감정기관에 의뢰해 받은 감정결과를 비교한 것입니다.

1991년 당시 국과수는 김기설씨의 「유서」와 강기훈씨의 모든 필적은 동일하나, 「유서」와 김기설씨의 필적은 상이하다고 감정했습니다. 하지만 2007년 진실화해위가 현 국과수 및 7개 사설감정기관에 의뢰하여 받은

---

58 진실·화해를 위한 과거사 정리위원회(2007), 「2007년 하반기 조사보고서」, "강기훈 유서대필 의혹사건"

결과는 「유서」와 강기훈씨의 필적은 상이하고, 「유서」와 새로 발견된 김기설씨의 필적인 「전대협노트」 및 「낙서장」은 동일필적이라는 것이었습니다. 즉, 유서대필은 없었던 것입니다.

"진실화해위원회에서 당시 국과수가 감정한 문건들에 대하여 3개 사설감정기관에 각각 의뢰한 필적감정에 의하면 종전 국과수 필적감정과는 정반대로 「유서」와 강기훈의 필적은 상이하다는 일치된 결과가 나왔다. 또한 당시 감정을 하지 아니한 강기훈의 필적들과 「유서」를 국과수 및 7개 사설감정원에 각각 감정을 의뢰한 결과, 강기훈의 필적은 「유서」와 '상이하다'는 일치된 감정결과가 나왔다. 또한 진실화해위원회는 새로이 발견된 김기설의 필적으로 인정되는 「전대협노트」 및 「낙서장」에 대하여 국과수 및 7개 사설감정원에 각각 감정을 의뢰한 결과, 김기설의 필적과 「유서」는 '동일하다'는 일치된 감정결과가 나왔다."

"이상 진실화해위원회의 필적감정결과에 의하면, 강기훈이 작성한 출정거부이유서 등의 필적과 유서는 상이하며, 유서의 필적과 김기설이 작성한 전대협노트 및 낙서장의 필적과 동일하고, 이 감정결과는 신뢰할 수 있다. 여기에 판결이 인용한 종전 필적감정, 정황증거, 사실관계 등을 종합적으로 검토할 때, 결국 강기훈이 유서를 대필하였다고 볼 수 없다는 결론에 이르게 된다."

진실·화해를 위한 과거사 정리위원회(2007), 2007년 하반기 조사보고서 진실·화해를 위한 과거사 정리위원회(2007), 「2007년 하반기 조사보고서」, "강기훈 유서대필 의혹사건"[59]

59 진실·화해를 위한 과거사 정리위원회(2007), 「2007년 하반기 조사보고서」, "강기훈 유서대필 의혹사건"

<표 5> 김기설씨 「유서」에 대한 감정결과 비교

구분	대조자료	당시(1991년) 국과수 감정결과	2007년 국과수 감정결과	2007년 사설감정원 감정결과
① 유서와 강기훈 필적 대조	진술서(85. 11. 22.)	유서와 동일	–	유서와 상이
	화학노트	유서와 동일	–	유서와 상이
	진술서1(85. 11. 18.)	유서와 동일	–	유서와 상이
	수첩(일터에서)	유서와 동일	–	유서와 상이
① 유서와 강기훈 필적 대조	자술서(85. 11. 3.)	유서와 동일	–	유서와 상이
	항소이유서(86. 5. 30.)	유서와 동일	–	유서와 상이
	문건l(Two Tac)	유서와 동일	–	유서와 상이
	문건ll(What is)	유서와 동일	–	유서와 상이
⑤ 유서와 강기훈 필적 대조	출정거부이유서	–	유서와 상이	유서와 상이
	봉합엽서	–	유서와 상이	유서와 상이
⑥ 유서와 김기설 필적 대조	전대협노트, 낙서장	–	유서와 동일	유서와 동일
	각서	–	유서와 동일	유서와 동일
	수첩메모	–	–	유서와 동일 / 상이 / 감정 불능

출처: 진실·화해를 위한 과거사 정리위원회(2007),
「2007년 하반기 조사보고서」, "강기훈 유서대필 의혹사건"[60]

'국립'과 '과학'이라는 두 단어의 무게로 1991년 당시 국과수가 제출한 감정 결과에 대해 어느 누구도 의문을 품기 어려웠고, 감정결과는 핵심 증거로 채택됩니다. 그러나 잘못된 감정 결과로 강기훈씨는 누명을 안고 억울한 옥살이를 하게 됩니다.

현재 국과수 윤리헌장은 과학적 진실 추구, 과학자의 양심준수 등을 핵

---

60 진실·화해를 위한 과거사 정리위원회(2007), 「2007년 하반기 조사보고서」, "강기훈 유서대필 의혹사건"

60 과학의 눈으로 현대사를 되돌아보다

심 윤리로 제시하고 있습니다.[6162] 당시 국과수 감정인들은 '과학적 진실만을 추구'했다고 볼 수 있을까요? '참된 양심'을 지켰다고 볼 수 있을까요? 안타깝게도 당시 국과수 감정인들은 어떤 이유에서인지 과학적 진실을 추구하지 않았고, 과학자로서의 양심도 지키지 못하였습니다.

1991년 강기훈 씨 사건 제1심 당시 국과수 감정인들은 "감정인 4명이 돌아가면서 현미경으로 관찰하고 나름대로의 판단을 가지고 토의를 하였다."라고 감정결과가 공동심의를 통해 도출된 합리적 결과였다고 증언했습니다.[63] 하지만 2007년 진실화해위 재조사에서 당시 국과수 감정인들은 공동심의를 제대로 하지 않았다며, 1991년 제1심 당시 증언을 부정했습니다. 문서분석실장이던 김○○ 씨가 혼자 감정하였지만 국과수 감정인들은 공동심의를 한 것으로 감정서에 기재하였고, 결과적으로 사실과 다른 감정결과를 회신해 강기훈 씨가 유죄판결을 받는 결과를 초래했습니다.[64]

진실화해위 재조사에서 당시 국과수 감정인들은 두 사람의 필체가 다르다고 1991년 감정이 잘못됐음도 인정하였습니다.

당시(1991년) 국과수에서 공동감정인으로 서명하였고, 이번(2007년)에 국과수에서 필적감정에 참여한 진○○의 진술 中. "저는 이번에 진실위원회에서 감정의뢰한 감정자료들을 보는 순간 깜짝 놀랐다. 그동안 제가 생각했던 것하고는 전혀 딴판이었다. 그냥 보

---

61 " … 하나. 우리는 오로지 과학적 진실만을 추구한다. … 하나. 우리는 정직하고 공정한 자세로 감정에 임하며 어떠한 내·외부의 간섭에도 배격한다. …" 국립과학수사연구원 윤리헌장 中(국립과학수사연구원 홈페이지, https://www.nfs.go.kr/)

62 " … 1. 우리는 언제나 어디서나 진리만을 사랑하는 자랑스러운 과수인이 된다. … 3. 우리는 참된 양심과 정직한 마음으로 정의 감정을 실천하는 의지있는 과수인이 된다. …" 국립과학수사연구원 과수인 선서 中(국립과학수사연구원 홈페이지, https://www.nfs.go.kr/)

63 진실·화해를 위한 과거사 정리위원회(2007), 「2007년 하반기 조사보고서」, "강기훈 유서대필 의혹사건"

64 진실·화해를 위한 과거사 정리위원회(2007), 「2007년 하반기 조사보고서」, "강기훈 유서대필 의혹사건"

더라도 유서와 다수의 김기설 글씨는 동일한 필적으로 판단할 수 있었는데, 당시 김○○ 실장이 감정을 잘못했다고 생각한다.”

당시(1991년) 국과수에서 공동감정인으로 서명하였고, 이번(2007년)에 국과수에서 필적감정에 참여한 최○○의 진술 中. “분명한 차이가 있다. 자료의 상태가 당시와 비교할 수 없을 만큼 좋다. 이번 자료는 유서의 필적과 강기훈의 필적이 분명하게 다르다는 것을 보여주었던 자료이며, 유서가 김기설에 의해서 작성된 것이 틀림없음을 보여주는 증거라고 생각한다.”

진실·화해를 위한 과거사 정리위원회(2007), 2007년 하반기 조사보고서[65]

또한 놀라운 사실이 하나 더 있습니다. 1992년 2월 국과수의 필적 감정 전문가가 돈을 받고 문서를 허위감정했다는 사실이 폭로됩니다. 놀랍게도 허위감정의 주인공은 「강기훈 유서대필 조작사건」의 결정적 증거인 필적감정 결과를 제출했던 당시 국과수 문서분석실장 김○○ 씨였습니다.[66] 김씨는 이후 제1심에서 징역 2년을 선고받으나, 1992년 9월 제2심 재판부는 국가공무원으로 20년간 근무하고, 면직 처분 등 ‘사실상 처벌’을 받은 점을 참작해 앞으로 사회에 봉사할 기회를 주기 위해서라며, 김씨에게 징역 1년 6개월에 집행유예 3년을 선고하여 김씨를 풀어줍니다.[67]

당시 김○○ 씨는 왜 잘못된 감정 결과를 제출했을까요? 국과수 감정인들은 왜 공동심의를 한 것으로 거짓 증언을 했을까요? 당시 감정수준이

---

65 진실·화해를 위한 과거사 정리위원회(2007), 「2007년 하반기 조사보고서」, “강기훈 유서대필 의혹사건”
66 오마이뉴스(2007. 11. 23.), “그때 그 사람들, 지금 뭐라고 하나요?”
67 오마이뉴스(2007. 11. 23.), “그때 그 사람들, 지금 뭐라고 하나요?”

나 과학수사 수준의 한계 때문이었을까요? 아니면 개인의 일탈, 비리 혹은 책임감 부재 때문이었을까요? 현 시점에서 국과수 감정인들의 잘못된 감정과 거짓 증언의 이유를 정확히 파악하기는 어렵습니다. 하지만「강기훈 유서대필 조작사건」을 정권의 부당한 압력으로 무고한 사람을 유서대필범으로 조작한 사건으로 규정한 과거사위의 조사결과를 상기해보면 과학수사 수준 한계나 오류, 또는 개인 일탈을 그 이유로 볼 수는 없을 것 같습니다. 그리고 이러한 추정도 해 볼 수 있을 것 같습니다. 그들은 강기훈 씨를 범인으로 만들려는 정부에 협조한 것은 아닐까요?

4. 그 누구도 강기훈에게 진심어린 사과를 하지 않았다

"재심법정에서도 여전히 과거의 주장을 되풀이하는 검찰에게 한마디 남기고 싶습니다. 진정한 용기는 잘못을 고백하는 것입니다. 국민의 자랑거리가 되어야 할 검찰이 조롱거리가 된 현실의 책임은 검찰 스스로에게 있습니다."

강기훈씨의 재심 공판(2014. 2. 14.) 최후진술 中[68]

강기훈씨가 진실을 밝히는 과정은 순탄치 않았고, 또한 너무나 오래 걸렸습니다. 노무현 정부 시절인 2007년 11월에 들어서야 진실화해위는 이 사건에 대해 진실규명 결정과 함께 재심 등의 조치를 취할 것을 권고

68   오마이뉴스(2014. 02. 13.), "[전문] 강기훈씨의 재심 공판 최후진술"

하였습니다. 2009년 9월 서울고법에서 재심개시결정이 내려진 후, 2014년 2월 재심판결에서 유서 대필 및 자살 방조에 대해 무혐의·무죄로 재판결 되었고, 최종적으로 2015년 5월 대법원에서 무죄가 확정되었습니다. 최종 무죄판결이 이뤄진 2015년은 「강기훈 유서대필 조작사건」이 있은지 무려 24년이, 진실화해위 재심 권고 이후 7년 반이 지난 시점이었습니다.

강기훈씨는 재심에서 무죄 확정 판결을 받은 직후인 2015년 11월 국가와 그리고 당시 담당 수사검사였던 강○○(당시 서울지검 강력부장), 신○○(당시 주임검사), 유서 필적 감정을 맡았던 김○○(당시 국과수 문서분석실장) 등을 상대로 민사소송인 손해배상 청구 소송을 냈습니다.[69] 법원은 2017년 제1심 및 2018년 제2심에서 유서대필 조작사건의 국가책임을 인정하고, 국가가 강기훈 씨에게 8억 원, 그의 부모에게 1억 원을 지급하라는 국가배상 판결을 내립니다. 하지만 제2심 재판부는 강○○과 신○○의 불법행위는 인정되지만 공소시효가 만료돼 손해배상의 책임이 없다는 1심의 판단을 인정합니다. 또한, 1심이 김○○ 씨의 배상책임을 인정한 것과 달리 2심은 김씨의 책임이 없다고 판결합니다.[70]

2018년 11월 '법무부 검찰 과거사위원회'는 "검찰의 과오에 대해 반성하는 태도가 필요하며, 현 검찰총장이 강기훈에게 직접 검찰의 과오에 대해 사과할 필요"가 있다고 권고하였습니다.[71] 하지만, 당시 사건 조작의 주동자인 담당검사들과 전 국과수 문서감정실장 등은 아직까지 강기훈씨에게 진심어린 사과를 하지 않았습니다. 그리고 현재 법원은 사건을 조작한 이들에게 공효시효 만료라는 이유로 책임이 없다는 면죄부를 주었습니다.

69 경향신문(2020. 09. 29.), "유서대필 조작사건 손해배상 소송 강기훈씨 인터뷰"
70 노컷뉴스(2018. 05. 31.), "유서대필 강기훈 손해배상 2심"
71 법무부 검찰 과거사 위원회(2018. 11. 12.), "「강기훈 유서대필 사건」 조사 및 심의결과", 보도자료

강기훈 씨가 24년 동안 동료의 유서를 대필하고 자살을 부추겼다는 멍에를 지고 사는 동안, 가짜 증거로 그를 기소하고 유죄를 받게 했던 이들은 어느 누구도 법의 심판을 받지도 않았고, 또한 진심어린 사과를 하지도 않았고, 오히려 1991년 이후 승승장구하였습니다.

강○○ 당시 서울지검 강력부장은 검사 요직을 거친 후, 2000년부터 2006년까지 대법관을 지냅니다. 신○○ 당시 주임검사는 검사장 승진 후 고검장을 끝으로 변호사 개업을 했고, 이후 대검찰청 사건평정위원회 위원장으로 무죄 판결을 받은 중요 사건에서 검사의 과오를 평가하는 역할을 맡기도 합니다.[72] 조작 사건의 책임이 있는 이들이 최고법원인 대법원의 법관이 되고, 또한 검사의 과오를 평가하는 역할을 하다니 참으로 이해하기 어려운 일입니다. 또한, 돈을 받고 문서를 허위 감정해 1992년 국과수에서 불명예 퇴직한 김○○ 씨는 퇴직 후 20년 넘게 서초동 법원 앞에서 문서감정원을 하고 있으며, 놀랍게도 "이제는 문서를 손에 쥐고 보면 감이 온다."라고 합니다.[73]

"우리나라 과거사 조작사건의 피해자들은 너무 착해요. 자신이 하지도 않은 일로 억울하게 옥살이한 후 재심을 청구해 겨우 무죄판결을 받았는데도 '감사합니다.'라고 말해요. 출세를 위해 조작사건을 꾸민 당사자들이 그에 응당한 벌을 받아야 향후라도 수사 일선 공무원들이 뒷일 무서워서라도 그런 나쁜 일을 꾸미지 못할 거 아닙니까!"

강기훈씨의 인터뷰(2020. 9. 29.) 中[74]

72   노컷뉴스(2015. 5. 14.), "강기훈을 악마로 내몰았던 검사들"
73   대한뉴스(2017. 7. 11.), "우리나라 최초 국립과학수사연구소 문서감정관 김형영"
74   경향신문(2020. 09. 29.), "유서대필 조작사건 손해배상 소송 강기훈씨 인터뷰"

〈표 6〉「강기훈 유서대필 조작사건」의 전모

1991년 당시의 판결[75]
- 1991. 7. 12. 자살방조죄 기소(1991. 8. 12. 국가보안법 위반 혐의 병합기소)
- 1991. 12. 20. 제1심(서울지법)
- 1992. 4. 20. 제2심(서울고법) 징역 3년을 선고
- 1992. 7. 24. 대법원의 상고기각 판결로 확정

2007년 재심 이후의 판결[76]
- 2007. 11. 14. 진실화해위원회는 진실규명 결정과 함께 재심 등의 조치를 취할 것을 권고
- 2009. 9. 15. 서울고법은 진실화해위원회의 판단들 근거로 재심 개시 결정
- 2014. 2. 13. 재심판결에서 서울고법은 유서 대필 및 자살 방조에 대해 무혐의 · 무죄로 재판결
- 2015. 5. 14. 대법원은 검찰의 상고를 기각하고 재심에서 무죄를 선고한 원심을 확정

2015년 대법원 무죄판결 이후 현재
- 2015. 11. 3. 강기훈씨는 유서대필 조작사건에 대해 국가와 가해자의 책임을 추궁하는 손해배상소송을 제기
- 2017. 7. 6. 제1심(서울중앙지법)
- 2018. 5. 31. 제2심(서울고등법원) 서울고법은 유서대필 조작사건의 국가책임을 인정하고 피해자 강기훈 씨에게 배상 판결을 내리나, 당시 담당 수사검사 2명과 국과수 문서분석실장에 대해서는 배상책임이 없다고 판단
- 2018 이후 현재. 강기훈씨가 대법원 상고 이후 재판 진행 중

  억울한 누명으로 옥살이를 하고 인생을 송두리째 망쳐버린 이가 존재합니다. 그가 강기훈입니다.「강기훈 유서대필 조작사건」은 검찰과 국과수 등 당시 국가 기관의 주도하에 조작된 사건입니다. '법무부 검찰 과거사위원회'는 검찰의 과오를 반성하고, 검찰총장이 강기훈 씨에게 직접 사과하라고 권고하기도 하였습니다.

  「강기훈 유서대필 조작사건」의 진실이 밝혀졌지만, 그러나 여전히 이 사

---

75 법무부 검찰 과거사 위원회(2018. 11. 12.), "「강기훈 유서대필 사건」 조사 및 심의결과", 보도자료
76 법무부 검찰 과거사 위원회(2018. 11. 12.), "「강기훈 유서대필 사건」 조사 및 심의결과", 보도자료

건은 현재 진행형입니다. 사건을 조작한 이들에 대한 법의 심판은 부재하고, 그들의 사과도 없었기 때문입니다. 현재 진행형인 이 사건의 정의로운 결말은 강기훈씨의 외침처럼 '조작사건을 꾸민 당사자들이 벌을 받고, 잘못을 고백하고 사과하는 것'에 있습니다.

[참고] 화성연쇄살인사건 8차 사건 범인 조작

한국 현대사에서 과학을 사칭해 진실을 왜곡한 가짜 증거로 무고한 사람을 범인으로 조작한 어처구니없는 사건은 「강기훈 유서대필 조작사건」외에도 또 있었습니다. 이제는 이춘재로 진범이 밝혀진 '화성연쇄살인사건' 중 8차 사건(이하 「화성 8차 사건」)의 범인 조작 사례입니다. '화성연쇄살인사건'은 1986~1991년까지 경기도 화성시에서 10명의 부녀자가 살해당한 사건으로, 2019년 이춘재가 진범으로 밝혀졌습니다.

하지만 진범이 밝혀지면서 유일하게 범인이 잡힌 것으로 기록된 1988년 「화성 8차 사건」이 사실은 가짜 증거로 무고한 사람을 범인으로 조작한 사건이라는 것도 밝혀지게 되었습니다. 「화성 8차 사건」의 범인으로 기소된 윤성여 씨는 1989년 무기징역을 선고받고 수감생활을 하다, 대법원에서 20년형으로 감형돼 지난 2009년 출소 전까지 무려 20년 동안 억울한 옥살이를 당하였습니다.

윤성여씨는 이춘재가 진범으로 밝혀진 뒤 2020년 재심을 청구해 무죄를 선고받았고, 2021년 법원은 20년간 억울하게 옥살이를 한 윤성여 씨에 대해 국가가 약 25억 원의 형사보상금을 지급해야 한다고 판결했습니다.[77]

당시 윤성여 씨는 어떠한 근거로 범인으로 지목되어 형을 받게 되었을까요? 윤씨 유죄의 핵심 증거는 국과수의 '조작된 감정서'에서 기인했습니다.[78]

「화성 8차 사건」 당시 경찰은 1986년 9월 첫 사건 발생 이후 8건의 범죄가 발생했지만 범인 윤곽조차 밝혀내지 못하는 어려운 상황에 직면하고 있었습니다. 경찰은 「화성 8차 사건」 현장에서 용의자의 것으로 추정되는 음모 10점을 발견하고, 이를 통해 혈액형을 B형으로 추정했습니다. 그리고 범인으로 의심되는 사람들의 음모를 채취해 외형과 혈액형이 비슷한지를 확인하는 방식 즉, 혈액·형태학적 감정으로 수사를 진행했습니다. 지금이라면 음모에서 추출 가능한 DNA를 증폭시켜 DNA 염기서열을 대조함으로써 범인을 추정할 수 있을 것이나, 당시에는 그만한 기술을 갖추지 못한 상태였습니다.

경찰은 혈액·형태학적 감정을 이용했으나, 이 방법으로는 범인을 찾는데 큰 진전이 없었습니다. 혈액형과 음모 외형만 보고 범인을 추정하는 것은 불가능에 가까운 일이기 때문입니다. 이에 「화성 8차 사건」 수사팀이 재정비된 1989년 초, 화성서 수사과장 유○○ 경정과 최○○ 순경은 국과수 장○○ 실장과 함께 '방사성 동위원소 감정법'을 범인 확인 작업에 적용합니다.

한국원자력연구원(옛 한국원자력연구소)에 의뢰해서 진행한 '방사성 동위원소 감정'이란, 시료에 방사선을 쪼여 칼슘, 마그네슘, 티타늄 등과 같은 성분 함량을 측정해 다른 시료와 동일성을 확인하는 분석 방법입니다. 인간 모발은 케라틴 단백질이 주성분인 유기물로 탄소, 수소, 산소, 질소, 황 등으로 구성되는데, 사람마다 모발 성분은 큰 차이가 없지만, 환경적 요인, 즉, 어떤 직업을 갖고, 또 어떤 목욕용품으로 얼마나 자주 씻는지에 따라 모발에 묻은 성분은 달라질 수 있습니다. '방사성 동위원소 감정법'은 이러한 차이를 측정해 범인을 식별할 수 있다는 가정에서 출발합니다.

하지만 '방사성 동위원소 감정법'으로 범인을 윤성여 씨로 특정한 수사 과정은 '과학적 지식과 방법론을 적용하는 체계적이고 합리적인 수사방법인 과학수사'와는 거리가 있었습니다. 당시 국과수 직원의 증언에 의하면, '방사성 동위원소 감정법'의 과학적 근거는 없었고, 두 시료의 동일성을 판단한 기준(두 시료에서 나온 성분들 중에서 5개 이상 성분의 함량 편차가 40% 이하면 동일하다고 판단) 또한 지극히 임의적인 값과 수치로 '객관성'이 없었다고 합니다. 이런 엉터리 방법을 적용하고도 현장에서 발견된 음모의 성분과 윤씨의 성분이 크게 다른 것으로 나오자, 국과수는 다른 사람 두 명의 음모 수치로 분석결과를 바꿔치기하여 윤씨가 범인으로 추정된다는 '허위 감정서'를 작성하였습니다.

'방사성 동위원소 감정법'을 이용한 범인 추정에 대해 당시 국과수 내 연구자들 사이에서도 비판의 목소리가 있었지만, 이러한 비판은 국과수의 '과학수사' 시스템에 반영되지 못했습니다. 범인 식별을 위한 분석 방법 적용과 결과 분석에서, 동료들의 엄밀한 검증이 있어야만 했으나 그러하지 못한 것입니다.

「강기훈 유서대필 조작사건」에서처럼 국가수의 감정 결과는 「화성 8차 사건」에서도 무고한 사람을 범인으로 조작하는 증거로 사용되었습니다. 도대체 왜 국과수 감정인들은 잘못된 감정 결과를 제출했을까요? 현 시점에서 사건의 전모를 모두 알기는 어렵지만, 「화성 8차 사건」 당시 경찰이 범인 윤곽조차 밝혀내지 못하는 어려운 상황에 직면하고 있었고, 이로 인해 범인을 잡는답시고 엉터리 수사를 벌여 무고한 시민을 고문·폭행한 일이 있었다는 점에서 그 이유를 유추해볼 수도 있을 것 같습니다.[79] 당시 국과수의 감정서 조작을 과학수사 수준의 한계로 보거나, 또는 감정인들의 개인적 일탈로만 치부할 수 없는 이유입니다.

「화성 8차 조작사건」의 진실이 밝혀졌으나 사건 조작을 행한 이들에 대한 처벌은 없었습니다. 또한, 아직까지 당시 사건을 조작한 이들이 윤성여 씨에게 진심어린 반성과 사과를 하지 않았습니다. 아울러 윤씨 외에도 당시 화성연쇄살인 사건의 범인으로 몰려 억울한 누명을 쓰고 폭력 등의 피해를 당한 사람들도 있습니다.[80]

「강기훈 유서대필 조작사건」의 강기훈 씨는 "조작사건을 꾸민 당사자들이 그에 응당한 벌을 받아야 향후라도 수사 일선 공무원들이 뒷일 무서워서라도 그런 나쁜 일을 꾸미지 못할 거 아닙니까!"라고 일갈하며 조작사건의 책임이 있는 자들의 처벌과 사과를 요구하였습니다. 「화성 8차 사건」의 윤성여 씨도 과거 자신을 수사한 경찰관과 검사에게 진정한 사과를 받고 싶다고 말하였습니다.

「강기훈 유서대필 조작사건」, 그리고 「화성 8차 사건」이 역사의 교훈이 되고 정의로운 결말을 맺기 위해서는 사건을 조작한 이들에 대한 법의 심판과 그들의 진심어린 사과로 마무리 되어야 할 것 입니다.

"재심 법정에 나온 경찰관과 검사가 '기억이 안 난다. 어쩔 수 없다.'라는 말로 자신의 잘못을 인정하지 않았다. … 그분들에게 지금이라도 진심 어린 사과를 받고 싶다."

윤성여 씨의 인터뷰(2022. 1. 15.) 中 [81]

---

77 세계일보(2021. 3. 10.), "이춘재 대신 20년 억울한 옥살이, 윤성여씨 25억원 형사보상금 받는다."

78 한겨레(2010. 12. 28.), "30년 전 그날 화성, 누가 왜 국과수 감정서를 조작했나"

79 시사인(2021. 07. 05.), "화성 연쇄살인 엉터리 수사가 앗아간 30년"

80 시사인(2021. 07. 05.), "화성 연쇄살인 엉터리 수사가 앗아간 30년"

81 중앙일보(2022. 01. 15.), "갑자기 찾아온 형사 '네가 범인', 그리고 사흘간 무참히 팼다"

제4장

—

4대강 사업 (이명박 정부, 2008년)

– 국가사업 추진에서 전문가의 책임과 역할을 생각함

1. 대운하 건설을 염두에 두고 추진된 4대강 사업[82]

2007년 12월에 치러진 제17대 대통령 선거에서는 당시 한나라당 이명박 후보가 당선되었습니다. 기업인 출신의 대통령 후보라는 점에서 주목을 받았던 이 후보는 자신의 차별성을 살려 경제 성장 정책과 관련된 선거 공약을 중점적으로 제시하였고, 그 중 가장 이슈가 되었던 공약 중 하나로 '한반도 대운하 사업 추진'을 꼽을 수 있습니다. 이 사업은 한강과 금강, 낙동강을 운하로 연결하여 전국을 관통하는 수운망을 건설하겠다는 것이었는데, 대규모 토목공사로 인한 환경 파괴가 우려될 뿐만 아니라 경제적 실익도 크지 않은 것으로 전망되었기 때문에 지지자들 사이에서도 찬반이 크게 갈리는 공약이었습니다. 결국 대통령 당선 후인 2008년 6월,

---

82 이하의 본문에서 지칭하는 '4대강 사업' 또는 '4대강 살리기 사업'은 이명박 정부에서 2008년부터 추진한 '4대강 살리기 프로젝트'에 포함된 제반 사업을 말합니다.

이명박 정부는 대운하사업 중단을 공식적으로 선언합니다.[83]

그러나 약 반년이 지난 2008년 12월, 이명박 정부는 '4대강 살리기 프로젝트'라는 새로운 사업을 발표하고 국정과제로 추진하기 시작하였습니다. 이는 한강, 금강, 낙동강, 영산강에 총 16개의 보를 건설하고 준설을 통해 하천 담수량을 늘리는 것을 골자로 하는 사업으로, 수자원 확보, 홍수 방어, 수질 개선, 지역 경제 활성화 등을 목표로 삼고 있었습니다.[84] 대운하사업의 핵심요소인 강과 강 사이 연결수로는 포함되어 있지 않았지만, 담수량을 늘리는 것과 하천을 직선화하는 것은 운하 건설 시에도 필요한 과정이기 때문에 사업 추진 초기부터 대운하사업 추진을 위한 사전작업일 것이라는 의혹이 불거졌습니다. 여론의 반대가 심한 대운하사업 추진을 중단하는 척 하면서 4대강 살리기라는 명분을 내세워 운하건설의 사전작업을 진행하는 것이 아니냐는 합리적 의심이 각계에서 제기되었고, 이명박 정부는 이를 극구 부인하였습니다.

대표적인 사례가 낙동강 준설작업 시 최소 수심을 6m로 깊게 한 점인데, 단순히 수자원 확보나 홍수 방어를 목적으로 보기에는 과도한 수준이었기 때문에 선박 운항이 가능한 정도의 수심을 확보하는 것이 목적이 아니었나 하는 의혹이 제기되었습니다. 2018년 실시된 감사원 감사 결과에 따르면, 당시 국토부에서는 경제성 등을 고려해 수심을 2~4m로 하는 안을 제시하였으나 대통령이 직접 수심을 더 깊게 할 것을 지시한 것으로 드러났으며, 이러한 논의과정에서 운하 추진을 염두에 두고 있었던 것 또한 확인되었습니다.[85] 당초 제기되었던 의혹들이 사실이었으며, 결국 막대한

83 KBS(2008. 6. 2.), "청와대, 대운하 논의 중단".
84 4대강 살리기 추진본부(2009. 6. 8.), 「4대강 살리기 마스터플랜」
85 감사원 감사보고서(2018. 7.), 「4대강 살리기 사업 추진실태 점검 및 성과분석」

예산과 자원이 투입되는 국가사업이 다수 국민의 의견을 무시한 채 밀실에서 결정되고 추진되었던 것이 밝혀진 것입니다.

2. 사업 효과를 둘러싼 논란과 평가

4대강 살리기 사업은 운하 건설에 못지않게 하천과 주변 환경에 큰 영향을 미치는 대규모 토목공사가 핵심이며, 그 영향은 수년이 지나면 사라지는 것이 아니라 몇 세대에 걸쳐 지속적으로 남습니다. 따라서 이러한 사업을 추진하는 데 있어서는 추진 과정이 합리적이고 투명해야 할 뿐 아니라, 그 효과 또한 국민 전체에게 고르게 혜택이 돌아가는 방향으로 나타나는 것이 바람직합니다. 앞서 지적하였듯이 4대강 살리기 사업의 추진과정은 그리 합리적이고 투명하지 않았던 것으로 확인되었으며, 그렇다면 그 사업의 효과는 과연 바람직한 방향으로 나타났는지 따져볼 필요가 있습니다.

4대강 살리기 사업의 기본 방향과 추진 목표, 추진 방법 등은 2009년 6월 발표된 『4대강 살리기 마스터플랜』에 제시되어 있습니다. 이 마스터플랜에서 밝힌 4대강 살리기 사업의 추진 목표는 크게 아래와 같은 다섯 가지로 정리됩니다.[86]

 1) 물부족 대비 풍부한 수자원 확보
 2) 수해 예방을 위한 유기적 홍수방어 대책 마련

---

86 4대강 살리기 추진본부(2009. 6. 8.), 『4대강 살리기 마스터플랜』

3) 수질개선 및 생태복원

4) 지역주민과 함께 하는 복합공간 창조

5) 강 중심의 지역발전

첫 번째 목표에서 제시하고 있는 용수 확보량 목표는 총 13억㎥로, 보 건설 및 준설을 통해 8억㎥, 송리원(영주)댐, 보현산(영천)댐의 건설 및 안동-임하댐 연결을 통해 2.5억㎥, 기존 농업용 저수지의 둑을 높여 2.5억㎥의 용수를 추가 확보하는 것으로 되어있습니다. 해당 시설물 공사는 모두 완료했기 때문에 목표를 달성한 것처럼 보이지만, 이렇게 확보한 용수를 제대로 이용하고 있는지 여부가 문제가 됩니다.

먼저 세 개의 댐 공사 중 가장 큰 규모(2억㎥)인 송리원댐(영주댐)의 경우, 공사가 완료된 지 4년이 지난 지금도 정상 가동되고 있지 못합니다. 댐 준공 후 시험 가동 단계에서 녹조의 대량 발생 문제, 댐 안전성에 대한 우려 등이 발생하면서 지역 주민, 지자체, 환경단체 간의 갈등이 계속되는 상황이고, 이에 따라 시험적으로 댐에 물을 채웠다 다시 방류하는 상황이 반복되고 있습니다.[87] 이 같은 상황은 사업 시행 전에 환경영향평가나 주민 의견 수렴 등의 과정을 세심하게 진행하지 않은 탓에 벌어진 것으로 볼 수 있습니다.

더 큰 문제는 이 사업의 핵심이라 할 수 있는 4대강 본류의 보 건설 및 준설을 통해 확보한 용수가 거의 활용되고 있지 못하다는 점입니다. 농업용수가 필요한 곳은 4대강 본류 주변보다는 지류 주변이나 본류에서 멀리 떨어진 곳에 더 많이 분포하기 때문에 4대강으로부터 이들 지역으로

---

87 뉴스타파(2020. 11. 6.), "문재인 정부의 4대강– 세계적 모래강 내성천, 삶과 죽음의 기로에 서다"

물을 보낼 수 있는 도수로가 필요한데, 이에 대한 계획이 빠져 있었기 때문입니다. 이 문제는 사업 추진 전부터 계속적으로 지적되어 오던 점이기도 합니다. 실제로 사업이 종료된 이후인 2016년에 금강 백제보~보령댐 구간에 도수로가 설치되어 가동되었고,[88] 2018년에는 공주보~예당호 구간에 도수로가 설치되는 등 도수로 공사가 잇따라 진행되거나 계획 중인 것으로 알려지고 있습니다.[89] 결국 4대강 살리기 사업의 첫 번째 목표로 내세웠던 수자원 확보의 달성 정도는 계획했던 수준에 훨씬 못 미치고 있는 것으로 평가할 수 있습니다.

〈표 7〉 4대강 사업의 용수 확보 계획 및 추진 결과

(단위: 백만㎥/년, %)

공급시설	공급 계획		공급가능 수량			비고
	MP	사업계획	운영 중	공사 중	계	
16개 보	800	720	22.8	39.2	62.0	농업용 도수로설치 사업 중 일부 공사 중
3개 댐	250	240	14.9	227.0	241.9	영주댐, 안동−임하댐 연결 사업은 완료되었으나 주민 반대로 미운영
92개 둑높임 저수지	250	210	202.5	0	202.5	사업 완료
계	1,300	1,170	240.2 (20.5)	266.2 (22.8)	506.4 (43.3)	( )는 확보된 수자원 대비 활용률

출처: 감사원 감사보고서(2018. 7.), 『4대강 살리기 사업 추진실태 점검 및 성과분석』

두 번째 목표인 홍수방어 효과는 전문가들 사이에서도 가장 의견이 많이 나눠지는 부분 중 하나입니다. 마스터플랜에서 제시한 홍수조절용량

88 중앙일보(2016. 2. 21.), "보령댐 도수로 공사 완공 … 22일부터 운영"
89 동아일보(2018. 8. 13.), "예산군, 금강~예당저수지 도수로 본격 가동"

의 목표치는 총 9.2억㎥로, 각각 준설에 의한 효과가 5.7억㎥, 댐 건설과 농업용 저수지 둑높이기 효과가 3억㎥, 홍수조절지와 강변저류지 설치에 의한 효과가 0.5억㎥입니다. 그밖에도 노후 제방 보강, 하구둑 배수문 증설, 도류제 설치 등의 내용이 여기에 포함됩니다.[90] 첫 번째 목표였던 수자원 확보와 사업 내용면에서 겹치는 부분이 많은데, 이는 물그릇을 크게 만들어 집중 호우 시 하천 수위가 높아지는 것을 억제한다는 것이 이 사업에서 주요한 홍수방어 대책이기 때문입니다. 이는 댐을 건설하여 홍수를 조절하는 기본 원리와 동일합니다.

반면 이 대책에는 맹점 또한 존재하는데, 이 또한 댐의 경우를 들어 이해할 수 있습니다. 댐에 물을 가둠으로써 댐 하류로 내려가는 물의 양을 낮추면 홍수를 막을 수 있지만, 강수량이 댐의 저장 능력을 넘어가 가두었던 물을 한꺼번에 방류하게 되면 그 수압으로 인해 더 큰 피해가 발생하는 경우가 있습니다. 4대강에 설치된 보가 이러한 역할을 할 수 있는데, 준설과 보 건설로 인해 4대강의 수심이 전반적으로 깊어지게 되면 수압 또한 올라가게 되고, 이것이 제방에 더 큰 힘을 주어 붕괴 위험이 증가할 수 있다고 합니다. 실제로 2020년 8월 낙동강 합천창녕보 근처의 제방이 폭우로 인해 무너진 것이 이 같은 주장을 뒷받침하는 사례로 제시되고 있습니다.[91]

수자원 확보와 마찬가지로 홍수방어 또한 본류보다는 지류를 정비해야 더 효과를 거둘 수 있다는 지적도 많습니다. 통계에 따르면 홍수피해의 80% 이상이 4대강보다는 소규모 하천에서 발생한 것으로 나타나기

90 4대강 살리기 추진본부(2009. 6. 8.), 『4대강 살리기 마스터플랜』
91 중앙일보(2020. 8. 10.), "4대강이 물난리 막았나 … 홍수위험 94% 줄어도 피해액 같다, 왜"

때문에,[92] 4대강 살리기 사업에 의해 홍수방어 효과가 나타났다고 보기에는 무리가 있습니다. 수자원 확보와 홍수방어 측면 모두 여러 토목공사를 통해 수치상의 목표는 달성한 것처럼 보이지만, 앞서 살펴본 것처럼 실질적으로 얻어지는 효과는 그리 크지 않은 것으로 볼 수 있겠습니다.

세 번째 목표인 수질 개선 또한 논란이 많은 부분이지만, 여러 객관적 자료를 통해 보았을 때 사업 이후 전반적으로 수질이 개선되지는 않았다고 볼 수 있습니다. 수질 개선에 관련된 주요 목표는 수영을 할 수 있는 수준의 수질인 2급수(BOD[93] 기준) 지역을 전체 하천의 83~86% 수준까지 끌어올린다는 것이었습니다.[94] 2018년 감사원 보고서에 따르면 4대강 66개소 중 BOD 목표수질을 만족하는 곳은 31개소로 절반도 되지 않았으며, 사업 이전에 비해 오히려 다소 감소한 것으로 나타났습니다. BOD 이외의 다른 지표 중 총인, 용존산소, 부유물질 등은 개선된 곳이 많았으나 TOC[95], COD[96], 대장균군 등은 악화된 곳이 많아 전반적으로 수질이 개선되었다고 보기는 힘든 것으로 파악되고 있습니다.[97]

92 중앙일보(2020. 8. 10.), "4대강이 물난리 막았나 … 홍수위험 94% 줄어도 피해액 같다, 왜"
93 생화학적 산소 요구량 (Biochemical Oxygen Demand). 물 속 미생물이 오염물질을 분해하는 데 필요한 산소의 양. 물의 자정 능력에 대한 지표.
94 4대강 살리기 추진본부(2009. 6. 8.), 『4대강 살리기 마스터플랜』
95 총유기탄소 (Total Organic Carbon). 물 속에 녹아있거나 분산되어 있는 유기화합물의 양을 탄소 기준으로 측정한 값.
96 화학적 산소 요구량 (Chemical Oxygen Demand). 산화제를 이용하여 물 속 오염물질을 분해하는 데 필요한 산소의 양. 미생물이 분해할 수 없는 오염물질의 양을 측정하기 위한 지표
97 감사원 감사보고서(2018. 7.), 『4대강 살리기 사업 추진실태 점검 및 성과분석』

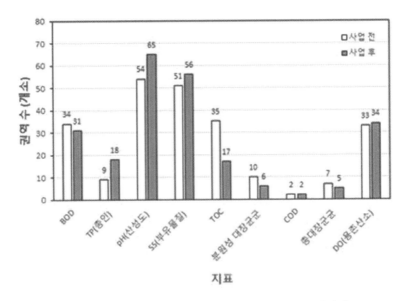

[그림 2] 66개 4대강 중권역 중 수질 목표 만족 중권역 수

출처: 감사원 감사보고서(2018. 7.)의 데이터를 그래프로 재구성

언론에서 많이 다뤄진 녹조 발생 문제에 대해서는 단정적인 결론을 내리기에 조심스러운 부분이 많습니다. 녹조의 발생은 보로 인한 유속 저하 이외에도 수온 상승, 유기물질의 유입 등 다양한 요소에 영향을 받는데, 최근 들어 기후 변화로 인해 기온, 강수량 등이 해마다 급변하고 있어 사업 이전과 이후를 정확하게 비교하기가 어렵기 때문입니다. 그러나 녹조 발생이 증가한 것 자체는 수질이 나빠지고 있다는 것을 의미하며, 결과만 놓고 본다면 4대강 살리기 사업이 수질 개선 효과를 거두지 못한 것만은 피할 수 없는 사실입니다.

네 번째 목표인 복합공간 창조는 자전거도로, 공원 등 여러 수변시설을 건설함으로써 일단은 달성한 것으로 볼 수 있으나, 다수의 지역에서 사후

관리가 소홀하고 이용률이 저조하다는 지적이 나오고 있습니다. 다섯 번째 목표인 지역발전 부분은 단기간에 가시적 성과가 나오기는 힘들기 때문에, 아직은 성공 여부를 판단하기에 이른 것으로 보입니다. 위 두 가지 목표는 이 책에서 다루고자 하는 주제와는 성격이 다소 다른 영역이기도 하기 때문에 상세하게 다루지는 않겠습니다.

지금까지 살펴본 바를 종합해보면, 4대강 살리기 사업은 당초 이루고자 했던 사업 목표를 만족스러운 수준으로 달성하지 못한 사업으로 평가할 수 있습니다. 수자원 확보, 홍수 방어 효과의 경우 도수로 건설, 지류 정비 등을 통해 개선이 가능하다는 주장이 있지만, 이는 당초 본 사업에는 포함되어 있지 않았기 때문에 평가에서는 배제되어야 할 것입니다. 수질 개선 효과의 경우에도 분석자에 따라 상반된 의견이 나오고 있지만, 관리기준으로 내세웠던 BOD만으로 판단하더라도 당초 목표에는 미흡하다는 것이 분명합니다. 홍수 방어 효과, 녹조 발생 등의 문제는 이 사업의 영향뿐 아니라 기후적 요인이 크게 작용하기 때문에 좀 더 신중한 접근이 필요하겠지만, 이러한 부분을 차치하더라도 전반적으로 미흡한 부분이 많은 사업으로 볼 수 있겠습니다.

3. 4대강 살리기 사업을 둘러싼 전문가들의 논쟁

비단 4대강 살리기 사업뿐만 아니라 거의 모든 토목사업은 주변 환경에 부정적인 영향을 미치기 때문에, 이러한 사업이 진행될 때에는 경제 개발과 환경 보호라는 가치를 각각 우선시하는 두 세력 간에 찬반 논쟁이 벌어지곤 합니다. 이러한 논쟁은 언뜻 사회 갈등을 조장하는 것처럼 보이기도 하지만, 이 과정에서 과학적이고 합리적인 근거를 바탕으로 건전한 토론이 이뤄진다면 경제 개발과 환경 보호의 적절한 균형점을 찾을 수 있는 토대가 마련될 수 있다는 점에서 오히려 권장되어야 할 일입니다.

여기에서 각 분야 전문가들의 역할이 중요해지는데, 이들이 자신의 전문지식을 활용해 과학적 근거를 생산하고 그것을 대중에게 해설하는 역할을 함으로써 토론의 기틀을 만들 수 있기 때문입니다. 4대강 살리기 사업에도 당연히 계획 및 추진 단계에 많은 전문가들이 참여하였고, 직접 참여하지 않는 관련 분야 전문가 또한 활발하게 찬반 의견을 내놓았습니다. 언론을 통해 이름이 알려진 전문가만 해도 수십 명에 달하는데, 이들 전문가가 보여준 행동은 국가사업 및 사회문제에 대해 전문가들이 취해야 할 바람직한 자세가 무엇일지에 대한 생각거리를 제공해줍니다.

대중적으로 가장 많이 알려진 대표적 전문가로 4대강 살리기 사업 반대 측의 박창근 교수(당시 가톨릭관동대), 찬성 측의 박석순 교수(당시 이화여대)를 들 수 있습니다. 한 가지 흥미로운 점은 박창근 교수의 전공은 토목공학, 박석순 교수의 전공은 환경과학이라는 점입니다. 통상 대규모 토목사업에 대해 토목 전문가는 긍정적 의견을, 환경 전문가는 부정적 의견을 내는 경우가 많은데, 이 두 사람은 서로 반대의 입장을 취하였습니다. 당시 토목공학계에서 4대강 살리기 사업에 반대 의견을 낸 전문가는 극소수였던 것으로 알려져 있는데, 박창근 교수는 대표적인 반대 인사로 분류되어 학계는 물론 정부 측으로부터 여러 압박을 받은 것으로 전해집니다.[98] 그럼에도 불구하고 그는 사업 초기 단계부터 여러가지 예상되는 부정적 영향을 근거로 지속적으로 반대 주장을 펼쳐왔습니다. 박석순 교수의 경우 이명박 정부 당시 국립환경과학원장을 역임한 소위 친정부 인사였기 때문에 찬성 주장을 펼쳤던 것으로도 볼 수 있으나, 지속적으로 일관된 주장을 펼쳐오고 있어 개인적 지론인 것으로도 판단됩니다.[99]

또 하나 극명한 대비를 보여주는 사례는 정부출연연구기관인 한국건설기술연구원에 근무하는 두 사람의 연구자, 김이태 박사와 김창완 박사입니다. 4대강 살리기 사업의 초기 계획이 수립되던 시기인 2008년 5월, 당시 국토해양부 용역연구를 수행 중이던 김이태 박사는 '4대강 정비 계획의 실체는 운하 계획'이라는 양심선언을 하였습니다. 그의 소속 기관이던 한국건설기술연구원은 징계하지 않겠다는 당초 입장을 뒤집고 반년 뒤인 2008년 12월, 김이태 박사 개인을 대상으로 한 감사를 진행한 후 3개월 정직의 징계를 내렸습니다. 그 후 네 번째 감사원 보고서가 나온 후인 2018년 그의 징계는 철회되었지만,[100] 10년에 가까운 기간 동안 김이태 박사는 인사상 불이익, 국정원 사찰에 이르는 고초를 겪어야 했습니다.[101] 반면 같은 기관의 김창완 박사는 원래 하천의 자연형 복원을 주장하던 연구자였으나, 4대강 살리기 사업 마스터플랜의 연구책임자로 활동하였습니다.[102]

4대강 살리기 사업 추진본부장을 역임한 심명필 교수(당시 인하대), 한반도 대운하 연구소 소속으로 활동한 조원철 교수(당시 연세대)처럼 사업

98 프레시안(2017. 9. 27.), "국정원이 4대강 반대 교수 치밀하게 탄압"
99 신동아(2019. 3. 22.), "수질분야 석학 박석순 교수, 녹조는 가뭄 탓, 보와 전혀 관련 없어"
100 한겨레(2018. 8. 17.), "'4대강은 대운하 사업' 폭로 김이태 박사 10년 만에 징계 철회"
101 JTBC(2018. 7. 4.), "10년 전 4대강 '대재앙' 경고했던 김이태 … 징계에 사찰까지"
102 연합뉴스(2013. 1. 21.), "이상돈, 4대강 사업 청문회 실시해야"

추진 당시에는 적극적 찬성론자였다가 이후 입장을 바꾼 전문가들도 있습니다. 심명필 교수는 4대강 사업이 거의 완료된 2012년 12월 동아일보와 가진 인터뷰에서는 이 사업에 대해 100점 만점에 95점이라는 후한 평가를 내렸으나, 박근혜 정부 시기 감사원이 부정적 감사 결과를 발표한 2013년 1월 CBS 라디오에 출연하여서는 수질개선이 본래 목적이 아닌 부차적 효과였다며 한발 물러섰고,[103] 2017년 오마이뉴스와 가진 인터뷰에서는 사업 기간이 짧아 미흡한 점이 있었다는 취지의 발언을 하여 사업 자체에 문제점이 있음을 일부 인정하였습니다.[104] 조원철 교수는 좀 더 극적인 입장 변화를 보여줍니다. 조 교수는 사업 추진 당시에는 여러 언론매체에 출연하여 적극적인 사업 찬성 의견을 펼치다가, 박근혜 정부 시기에는 이 사업을 사기라고 표현하며 이명박 정부를 비판하였습니다. 그러나 문재인 정부 들어서는 다시 4대강 사업의 홍수 방어 효과가 입증되었다는 주장을 펼치는 등 입장이 바뀌었습니다.[105]

4. 사회 속 과학기술인의 바람직한 모습은?

4대강 살리기 사업은 계획과 추진 단계에서 투명성이 부족했고, 주요한 의사결정과정 또한 합리적이지 못했다는 것이 현재 시점에서 내릴 수 있는 결론입니다. 그 사업 효과 또한 일부 논쟁의 여지는 있지만 대체로 미

103 노컷뉴스(2013. 1. 19.), "심명필, 4대강 사업, 수질 개선 목적 아니었다"
104 오마이뉴스(2018. 2. 8.), "4대강 하면 수질개선 된다던 전 본부장, 왜 말 바꿨나"
105 오마이뉴스(2020. 8. 12.), "'4대강 홍수 예방' 주장한 이 교수 … 7년 전엔 '사기'"

흡하다고 평가하는 것이 타당하다고 생각됩니다. 그러나 결과적으로 실패한 사업이라 해도 계획 단계에서 이를 완전히 예측하는 것은 불가능하기 때문에, 단순히 실패한 사업에 찬성한 것만으로 비난의 대상으로 삼는 것 또한 합리적이지 못한 행동일 것입니다. 4대강 살리기 사업에서 보여준 여러 전문가들의 모습을 살펴보면서 안타까운 부분은 사업 추진에 큰 역할을 맡았던 대다수의 인물들이 과학적 근거와 연구자로서의 소신에 따르지 않고 정부의 요구 또는 여타 다른 이유에 따라 행동한 것으로 보인다는 점입니다. 이들 중 다수가 정권이 바뀌고 여론이 불리해지자 입장을 바꾸는 모습을 보인 것이 그 단면입니다.

연구도 사람이 하는 일인지라 아무리 객관적 자료를 바탕으로 하더라도 이를 해석하고 결론을 이끌어내는 과정에서 연구자의 주관이 개입하여 잘못된 결론이나 편향된 결론이 도출될 수도 있습니다. 하지만 될 수 있는 한 이를 최소화하여 좀 더 진리에 가까운 결론에 이르도록 노력하는 것이 연구자의 의무이며, 우리 사회가 연구자에게 어떠한 역할을 부여할 때에는 이들이 그 의무를 다하고 있다는 믿음이 전제로 깔려 있을 것입니다. 만약 자신이 과거에 발표했던 연구 내용이 잘못된 것임을 훗날 발견하여 이를 공개적으로 인정하고 수정하는 것은 용기 있고 도덕적인 행동이겠지만, 어떠한 과학적 근거 제시도 없이 주변의 눈치를 보고 의견을 이리저리 뒤집는 것은 연구자에 대한 국민의 신뢰를 스스로 깎아내리는 행동일 뿐입니다.

앞서 얘기했듯이 4대강 살리기 사업과 같은 국가사업이나 사회문제 해결을 위한 활동에서 사회가 연구자에게 기대하는 역할은 건강한 토론이 벌어질 수 있는 과학적이고 합리적 토대를 쌓는 것입니다. 이 과정에서 연구자 개개인이 지닌 배경지식의 차이, 연구방법론의 차이 등에 따라 정반대의 주장이 도출될 수도 있습니다. 그러나 나와 다른 주장이라고 해서 무조건 배척하기보다는 토론과 정보 교환을 통해 더 발전된 결론에 접근하는 것은 민주사회 구성원으로서 당연한 태도이고, 이는 사회 발전과 학문 발전을 위해서도 바람직한 접근 방식입니다. 특히 정권의 의도와 다른 주장을 펼쳤다고 해서 그 연구자를 탄압하는 일은 그 사회의 발전 가능성을 스스로 갉아먹는 행동이라고 볼 수 있습니다.

반대의 경우도 마찬가지입니다. 4대강 사업에 대한 부정적 인식이 커진 지금, 이를 찬성했던 인물들을 무조건적으로 비난하고 사업 자체를 전면 부정하는 것 또한 바람직한 태도는 아닐 것입니다. 우선 책임을 져야 할 인물들에 대해서는 그 책임을 준엄하게 묻되, 다시 머리를 맞대고 4대강을 정말 살릴 수 있는 길을 함께 모색하는 취사선택의 지혜가 필요합니다.

〈표 8〉 4대강 사업 진행 경과

- 2008. 6. 19. 한반도 대운하사업 중단 선언
- 2008. 10. 23. 국정과제 세부과제로 '국가하천 종합정비사업' 채택
- 2008. 12. 15. '4대강 살리기 프로젝트' 발표(국가균형발전위원회)
- 2009. 2. 5. 구 국토해양부 소속 '4대강 살리기 기획단' 발족
- 2009. 3. 25. 「국가재정법 시행령」 개정
- 2009. 4. 17. 구 국토해양부 소속 '4대강 살리기 추진본부' 구성(2012. 12. 31. 폐지)
- 2009. 6. 8. '4대강 살리기 마스터플랜' 수립·발표
- 2009. 6. 29. 턴키공사 1차분(16개 공구) 발주
- 2009. 7. 30. ~ 8. 5. 환경영향평가 초안 접수(2009. 11. 6. 협의 완료)
- 2009. 10. 턴키공사 1차분 착공
- 2012. 12. 주요 공사 완공

제5장

—

천안함 침몰사건 (이명박 정부, 2010년)

– 침몰 원인에 대한 과학적 논쟁은 여전히 진행 중

1. 천안함 침몰사고의 발생

2010년 3월 26일 오후 9시 30분경, 대한민국 백령도 남서쪽 약 1km 지점에서 대한민국 해군 제2함대 소속의 1200톤 급 초계함 'PCC-772 천안(이하 천안함)'이 훈련 도중 선체가 반파되며 침몰하여 58명이 구조되었으나 40명이 사망하고 6명이 실종되는 사건이 발생했습니다. 지정학적으로 민감한 공간인 북방한계선(NLL, Northern Limit Line) 부근에서, 그것도 한미합동군사훈련이 진행되는 상황에 한국군함이 침몰했다는 점에서 당시 국내는 물론 국제 사회도 큰 충격을 받았습니다. 초계함은 무장력이 다소 떨어지지만, 속도가 빨라 말 그대로 연안에서 적의 기습에 대비해 경계를 서는 업무를 주로 맡습니다. 따라서 이러한 초계함이 훈련 도중 침몰하는 것은 흔히 일어나는 일이 아닙니다. 과연 천안함에 무슨

일이 있었던 걸까요?

〈천안함 사건 일지〉

- 3월 26일 - 사건 발생. 발생 직후 함수에 있는 생존자 58명 구조. 함수는 조류를 따라 흘러가다가 침몰, 7km 떨어진 곳에서 3월 28일 발견, 함미는 사건 장소 인근 180m 떨어진 곳에서 3월 29일 발견
- 3월 30일 - UDT 대원 한주호 준위 사망
- 4월 2일 - 저인망어선 금양98호 침몰, 선원 9인 사망 및 실종
- 4월 15일 - 함미 인양
- 4월 24일 - 함수 인양
- 5월 15일 - 5/10부터 특수그물망 정밀탐색 중 어뢰 추진동력장치 수거
- 5월 20일 - 합동조사 결과 발표 "어뢰에 의한 수중폭발 충격파 및 버블효과에 의해 천안함이 침몰되었으며, 침몰 무기는 고성능 폭약 250kg 규모의 북한에서 제조한 어뢰"
- 7월 9일 - UN 안전보장이사회에서 북한 책임을 명시하지 않고 천안함 침몰 공격을 규탄하는 내용의 의장성명 발표

2. 천안함 침몰사고 직후 언론에서 제기된 시나리오들

　　　　사건 발생 직후 국내 언론에서는 다양한 시나리오가 제시되었는데, 크게 화약폭발로 인해 침몰이 발생했다는 '폭발설'과 폭발 없이 충돌 또는 선체 피로에 의해 침몰이 발생했다는 '비폭발설'로 나눠집니다.

　폭발설의 경우, 발사체 무기 종류에 따라 자체적으로 추진하는 기능을 갖춘 무기인 어뢰(魚雷, torpedo)에 의해 폭발되었다는 '어뢰설'과 폭약 등을 설치한 관을 수중에 미리 설치해 두어 지나가는 배를 폭파시킬 수 있는 기계수뢰 즉, 기뢰(機雷, sea mine)에 의한 폭발이었다는 '기뢰설' 등이 원인으로 제시되었습니다. 그리고 폭발 방식에 따라 천안함이 발사체 무기의 적집적인 타격을 받았다는 '접촉 폭발설'과 비접촉 상태의 수중폭발로 인한 물기둥, 물대포와 같은 버블제트의 효과로 인해 반파되었다는 '비접촉 폭발설' 등으로 구분되었습니다. 어뢰의 경우에는 누군가 인근에서 직접적으로 발사해야 하는 특성이 있기 때문에 전투함이나 잠수정과 같은 어뢰의 발사주체가 필요합니다. 반면, 기뢰의 경우는 당일 혹은 이전에 미리 설치해 두어서 공격하는 것이 가능합니다. 천안함 침몰사고가 한국의 영해 안에서 발생했기 때문에, 북한군이 한국전쟁 당시 설치했다가 버린 기뢰, 미군 또는 한국 해군이 설치했다 버린 기뢰, 혹은 북한 잠수정이 최근 설치한 감응기뢰 등의 시나리오가 제시되었습니다.

　한편, 당시 물기둥은 없었고 화약 냄새도 없었다는 생존자들의 초기증언을 토대로 비폭발설이 제시되기도 했습니다. 비폭발설도 세분화해보면, 해면 또는 해면 가까이에 불룩하게 솟아 있는 바위 즉 암초에 걸렸다는 '좌초설', 같이 훈련을 진행한 다른 잠수함 등과 충돌했다는 '충돌설',

또는 '좌초 후 충돌설'과 같은 천안함 침몰의 구체적인 시나리오가 제시되었습니다.

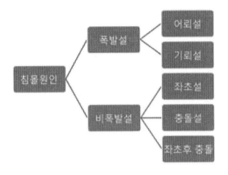

[그림 3] 천안함 침몰 원인에 대해 언론에서 제기한 여러 시나리오들

3. 합조단 구성 및 결과 발표

당시 이명박 정부는 침몰 원인에 대해 민군 합동조사단(Joint Investigation Group, JIG)(이하 합조단)을 꾸려 조사를 진행했습니다. 2010년 3월 31일 국방부는 국내 인원으로만 구성된 최초 민군 합동조사단을 82명(현역 군인 59명, 정부관계자 17명, 민간전문가 6명)으로 구성했는데, 객관성에 대한 우려를 감안해 4월 12일에는 미국, 스웨덴 등의 전문가를 포함한 다국적 형태의 합조단 73명(한국 49명, 외국 24명)으로 재편성합니다. 이후 합조단은 6월 30일까지 총 92일간 활동하였습니다.

합조단은 사건 발생 약 2개월 후인 2010년 5월 20일 조사활동 결과를 종합하여 '북한 잠수함이 발사한 어뢰의 비접촉 수중폭발이 천안함 침몰의 원인'이라는 결과를 발표합니다. 가스터빈실 좌현 하단부에서 '음향자장복합감응어뢰'의 강력한 수중폭발에 의해 선체가 절단되어 침몰했다는 것입니다. 합조단이 천안함 침몰 원인을 '비접촉 수중폭발'로 지목할 수 있었던 주요 근거로는 함미와 함수의 선체 파손 형상, 특히 절단면의 파손 방향과 양태, 그리고 수중폭발 시뮬레이션을 이용한 선체 충격 해석, 파손 선체의 여러 곳에서 채집한 폭약성분 물질 등이 제시되었습니다. 최종 보고서에서 강조되진 않았지만, 사건 당시 관측된 지진파와 음파 역시 그 근거로 제시되었습니다. 특히, 합조단은 침몰해역에서 어뢰로 확증할 수 있는 '결정적인 증거물'로 어뢰의 추진동력부인 프로펠러를 포함한 추진모터와 조종장치 등을 수거했다고 밝히고, 추진부 뒷부분 안쪽에 '1번'이라는 한글표기가 되어 있어 '북한의 어뢰'라는 결론을 내렸다고 밝혔습니다.

하지만 합조단의 이와 같은 발표에도 불구하고 천안함 침몰 원인에 대한 논란은 수그러들지 않고 오히려 증폭되었습니다. 만약 합조단의 주장이 맞다면 북한 잠수정 혹은 반잠수정이 남한 연안까지 침투해 어뢰를 발사한 뒤 사고 현장을 빠져나갔다는 추론이 가능한데, 이를 입증할 증거나 북한군의 동향 정보는 따로 제시되지 않았습니다. 당사자로 지목된 북한군은 처음부터 지금까지 이에 대해 계속해서 부인하고 있는 상황입니다.[106] 그리고 무엇보다 천안함 침몰 원인과 그 증거물을 둘러싼 과학적 의문 또한 사건 발생이후 지금까지 끊이지 않고 계속해서 제기되고 있습니

---

106 북한은 천안함 침몰 이후 "현지 조사와 모든 물증들을 판문점에 내다 놓고 공동으로 조사·평가하자."라는 제안을 한데 이어, 2010년 11월 2일 조선중앙통신을 통해 '국방위원회 검열단 진상 공개장'을 내놓습니다. 북한은 공개장을 통해 북한 해군이 보유한 어뢰는 알루미늄 합금이 아닌 강철합금재료로 만든 '주체어뢰'이고, 북한 군수공업부문에선 어떤 부속품이나 기재를 만들 때 필요한 숫자를 펜으로 쓰지 않고 '새기고' 있으며 '번'이 아닌 '호'를 붙인다는 등의 내용을 근거로 합조단의 결론을 '황당무계한 날조극'이라 비판했습니다.

다. 천안함 침몰 원인과 증거물에 대한 과학적 쟁점들을 좀 더 구체적으로 살펴보겠습니다.

4. 끊이지 않는 과학적 쟁점들

4. 1. 천안함 함미 우측의 스크루는 왜 휘어졌는가?

[그림] 천안함의 우현 스크루 프로펠러

자료출처: 국방부보고서(2010) 51쪽[107]

바다에서 건져 올린 천안함 함미를 보면, 좌측과 달리 우측 스크루의 프로펠러의 날개 5개가 안쪽으로 크게 휘어져 있었습니다. 천안함 침몰

---

107 대한민국 국방부(2010. 9.), 천안함 피격사건 합동조사결과 보고서

원인을 어뢰 폭발로 판단할 경우, 이 현상을 설명하기는 쉽지 않습니다. 또한, 좌현 프로펠러 날개에는 따개비와 같은 조패류가 상당히 많이 붙어 있었던 반면, 우현 날개는 조패류 없이 비교적 매끈한 상태를 보이며 끝 부분에는 찍힌 흔적과 같은 약간의 손상 흔적이 관찰되었습니다.

이에 대한 해석으로 합조단 선체구조분과 조사위원으로서 프로펠러의 변형 원인을 주로 분석한 노인식 교수(당시 충남대)는 시뮬레이션을 통해 회전하는 프로펠러가 급정지할 경우 관성에 의해 그와 같이 휘어질 수 있다는 주장을 펼쳤습니다.[108] 즉, 회전하고 있는 프로펠러가 어뢰의 폭발로 인해 함미 방향으로 강한 힘이 가해져 축 자체가 밀렸고, 이러한 충격으로 급정지되면서 '회전 관성력'에 의해 생긴 현상이라고 설명하였습니다. 하지만 시뮬레이션에서 프로펠러가 회전한 방향은 실제 천안함 프로펠러가 회전한 방향과 반대였기 때문에 이 주장 자체가 성립되기는 어렵습니다. 그리고 이러한 설명은 프로펠러 끝부분의 손상을 설명하지는 못합니다.

한편 프로펠러의 휨 현상이 함미가 침몰하면서 해저 바닥에 닿아 생긴 것이라는 해석이 제시되기도 했고, 시계방향으로 회전하는 프로펠러가 바위나 모래바닥과 같은 뭔가 딱딱한 물질에 부딪히며 휘어졌을 것이라는 주장도 제기되었습니다.

4. 2. '1번' 글씨는 왜 폭발에도 지워지지 않았을까?

합조단은 어뢰 공격의 결정적 증거로 쌍끌이 어선과 특수 제작된 가로

---

108 노인식(2010), "천안함 프로펠러의 손상분석 및 시뮬레이션", 대한조선학회지, Vol. 47(4), pp. 11-15

60m, 폭 25m, 높이 15m에 무게 5t에 달하는 그물망을 통해 발견한 어뢰 추진체를 제시하였습니다. 합조단은 2010년 5월 15일에 침몰 해역에서 프로펠러 2개가 달려 있는 물체와 모터로 추정되는 물체를 잇달아 발견했고, 수거된 물체 두 부분은 어뢰체 가운데 추진동력장치를 구성하는 조종장치와 추진모터 부분이라고 밝혔습니다. 그리고 추진후부에는 안쪽을 들여다볼 수 있는 정비구가 있었는데, 정비구의 덮개 안쪽에 있는 디스크에는 '1번'이라는 한글 표식이 파란색 잉크로 쓰여 있었다고 발표하였습니다.

[그림 5] 쌍끌이 어선이 건져올린 어뢰 추진체의 추진후부에 있는 "1번" 표식

자료출처: 국방부보고서(2010) 29쪽[109]

'1번' 글씨는 북한에서 만든 어뢰임을 보여주는 가장 강력한 근거로 제시되었습니다. 하지만 이 발표 이후, 어뢰 폭발 때 글씨의 잉크가 타지 않고 남아 있을 수 있느냐는 물음이 제기되면서 격렬한 과학적 논쟁이 벌어

109 대한민국 국방부(2010. 9.), 천안함 피격사건 합동조사결과 보고서

졌습니다. 더군다나 합조단은 수거한 어뢰는 북한 'CHT-02D' 어뢰라고 했지만, 2010년 5월 20일 합조단이 기자회견 자리에서 언론에 처음 공개한 어뢰의 설계도면이 'CHT-02D'가 아닌 북한의 다른 어뢰 'PT-97W'의 것이었음이 나중에 밝혀지면서, 합조단의 발표는 신뢰성이 크게 훼손되었습니다.

그리고 어뢰 추진체가 일반에 공개되면서, ① 어뢰가 폭발했다면 그 폭발의 고열에 '1번' 글씨가 타버렸을 것이라는 추정, ② 육안으로 볼 때 어뢰는 심각한 부식 상태인데 비해 비교적 선명한 '1번' 글씨가 부식 표면 위에 나중에 쓰였을 가능성, ③ 어뢰 부품 안에서 나중에 발견된 가리비(조개) 껍질의 존재로 볼 때 어뢰가 천안함 침몰 사건 발생일 이전부터 해저에 존재했을 가능성 등이 제기되었습니다.

서재정 교수(당시 존스홉킨스대)와 이승헌 교수(당시 버지니아대)는 2010년 6월 신문에 기고한 공저 칼럼에서[110], 통상적으로 사용되는 잉크는 크실렌, 톨루엔, 알코올로 이뤄져 있는데 각 성분의 비등점은 섭씨 138.5도(크실렌), 110.6도(톨루엔), 78.4도(알코올)라는 점을 들며, 따라서 후부 추진체에 300도의 열만 가해졌더라도 잉크는 완전히 타 없어졌을 것이라고 주장했습니다. 그 근거로 "250kg의 폭약량에서 발산될 에너지양에 근거해 계산해보면, 폭발 직후 어뢰의 추진 후부의 온도는 적어도 섭씨 325도, 높게 잡으면 1,000도 이상 올라갈 수 있다."라는 것과 공개된 어뢰 부품이 심하게 부식된 것은 부식 방지용 페인트가 폭발 열로 타 없어졌기 때문일 터인데 보통 유성 페인트의 비등점이 섭씨 325~500도인 점에 비춰볼 때 '어뢰 뒷부분에는 적어도 섭씨 325도의 열이 가해진 것으로 추

110 서재정, 이승헌(2010. 6. 1.), "'1번'에 대한 과학적 의혹을 제기한다", 경향신문

정'할 수 있다는 점을 들었습니다. 즉, 어뢰 외부의 페인트가 탔는데 비등점이 이 보다 낮은 내부의 '1번' 글씨 잉크가 남아 있는 상황은 설명할 수 없는 증거의 모순이라는 것입니다.

한편 이에 대해 당시 합조단 대변인은 첫째 "1.7t 크기의 어뢰 앞부분의 폭약 250kg이 폭발하면 뒤쪽에 위치한 추진축과 프로펠러는 반작용으로 바닷물 속에서 37m 정도 튀어나간다."라는 점, 둘째 바닷물의 수온이 폭발 직후 오르긴 하겠지만 비등점인 100도 이상으로 오를 수 없고, '1번' 글씨가 어뢰 안쪽에 있어서 빠른 열전달이 어렵다는 점을 들어 '1번' 글씨가 '타지 않는 게 정상'이라고 반박했습니다.[111]

2010년 8월, 송태호 교수(당시 KAIST)는 열역학 법칙에 의존한 계산식을 전개해 어뢰 폭발 때 '1번' 글씨가 연소되지 않는 것을 수치 시뮬레이션으로 증명했다고 주장했습니다. 그러면서 "설령 디스크 전면부에 섭씨 3,000도의 열이 가해진다고 하더라도 열이 가해지는 시간이 1초에 불과하면 (디스크) 뒷면의 온도는 1억분의 1도 올라가지 않는다."라는 아주 다른 결론을 제시합니다.[112] 그의 논증은 열역학 법칙의 계산식을 따른 것인데, 크게 보면 두 부분으로 전개됩니다. 첫째 폭약이 폭발한 직후에 팽창하기 이전의 가스 상태의 온도와 압력을 계산했으며, 둘째 그렇게 생성된 고온과 고압의 가스 버블이 단열팽창을 할 때 1초 동안 열전달에 의해 어뢰 후부에 전해지는 온도의 변화를 해석한 것입니다.

이에 대한 반론으로, 이승헌 교수는 송태호 교수의 시뮬레이션 결과는 이상기체(ideal gas)와 가역 반응이라는 두 가지 전제조건에서만 가능한 것으로, 실제로는 이상기체도 아닐뿐더러 폭발은 비가역적 반응이므로 적

111 동아일보(2010. 6. 2.), "軍, 폭발때 추진체 튕겨나가 … 물속 열전달 힘들어"
112 조선일보(2010. 8. 2.), "어뢰 '1번' 글씨 적힌 곳, 온도 0.1도도 상승 안했다"

용할 수 없다고 재반박하였습니다.[113]

4. 3. 결정적 단서라는 어뢰에 묻은 '하얀색 흡착물'의 정체는 무엇인가?

당시 건져 올린 어뢰에는 하얀색 흡착물이 있었습니다. 합조단은 흰색 흡착물질의 성분에 대해 '비결정성 알루미늄산화물'로 이는 폭발이 있었음을 보여주는 결정적인 증거라고 주장하였습니다. 흡착물질은 합조단이 발표한 증거 중에서 과학적 분석 장비와 방법을 가장 적극적으로 사용해 합조단의 실험실 과학 활동을 부각하여 보여주는 결과물이었습니다. 보고서를 보면, 성분 분석에 주사 전자현미경(SEM), 에너지 분광기(EDS), 엑스선 회절기(XRD)가 주로 사용되었으며, 이와 함께 탄소-수소-질소-황원소분석기(CHNS-EA)와 열분해특성 분석기(TGA)가 사용되었습니다. 또한, 선체 흡착물질과 어뢰 흡착물질이 알루미늄 함유 폭약의 수중폭발에서 유래한 것인지 확인하기 위한 비교 분석용 시료를 준비해 비교분석하였습니다. 그 결과, 합조단은 선체의 함미와 함수, 연돌에서 채집한 백색 분말 물질이 동일한 알루미늄 산화물(Al_xO_y)이며, 이는 또한 어뢰 추진동력장치에서 채집한 백색 분말물질과 동일한 알루미늄 산화물인 것으로 분석돼 서로 다른 곳에서 채집된 두 시료가 동일한 기원에서 유래한 것이라는 결론을 제시합니다.

하지만 2010년 10월, 한국기자협회·한국PD연합회·전국언론노조가 구성한 '천안함 조사 결과 언론보도검증위원회'는 양판석 박사(당시 매니

---

113 프레시안(2010. 8. 5.), "'엉뚱한 논문'이 천안함 진실 찾기에 혼란 부추겨"

토바대)의 분석 결과를 토대로 흡착물질은 '비결정질 바스알루미나이트 (Basaluminite)'로, 이는 상온이나 저온에서 생성되는 수산화물 계열의 물질이므로 폭발 등 고온 환경에서 나오는 1차 산물이 될 수 없다는 주장을 펼쳤습니다.[114] 정기영 교수(당시 안동대) 분석에서도 천안함의 흡착물질을 폭발의 결과물로 보기 어려웠는데, 정 교수는 흡착물질이 '비결정성 알루미늄황산염수화물(Amorphous Aluminum Sulfate Hydroxide Hydrate, AASH)'이라고 분석합니다.[115] AASH는 100℃ 이하의 온도에서 알루미늄과 황이 결합해 만들어지는 물질이기 때문에, 순간적으로 고온이 발생하는 폭발 조건에서 만들어진 물질로 볼 수는 없습니다.

두 연구자의 분석 결과대로 만약 흰색 흡착물질이 '비결정질 바스알루미나이트' 또는 '비결정성 알루미늄황산염수화물'이라면, 쉽게 말해서 알루미늄 수산화물이라면 이는 흰색 흡착물질이 합조단의 주장대로 폭발의 결과물이 아니라 오랜 기간 바닷속에서 부식된 결과임을 의미합니다. 요컨대 합조단이 천안함 폭침의 스모킹건으로 어뢰와 관련된 가장 확실한 증거라고 제시한 흰색 흡착물질이 도리어 합조단의 주장이 잘못되었다는 것을 과학적으로 반박하는 증거가 되는 것입니다.

4. 4. 지진파와 음파가 보여주는 것은 무엇일까?

사건 현장 인근 백령도에 위치한 지진관측소에서 잡힌 지진파 기록들은 지각에 진동을 줄 만한 인공지진이 있었음을 보여주는 파형의 특징을 보여주었습니다. 2011년 9월 미국지진학회지에 발표한 연구에서 홍태경

114 프레시안(2010. 10. 12.) "천안함 흡착물, 폭발과 무관한 바스알루미나이트"
115 한겨레21(2010. 11. 17.), "천안함 흡착물은 '알루미늄황산염수화물', 폭발재가 아니다"

교수(당시 연세대)는 백령도 지진관측소를 비롯해 사고 해역 인근인 덕적도, 강화도 관측소의 지진파 자료를 분석해 2010년 3월 26일 밤 9시 21분 55.4초에 규모 1.46의 지진이 북위 37.915도, 동경 124.617도 지점에서 발생했다고 제시했는데, 이는 합조단 보고서가 밝힌 천안함 침몰 시각 및 위치, 지진 규모와 거의 일치 하였습니다.[116] 즉, 어뢰 폭발 및 이로 인한 천안함 반파의 가능성을 보여준다는 것입니다.

천안함 침몰 당시 관측됐던 지진파는 강력한 음파를 동반한 것으로 확인되었는데, 2010년 3월 26일 밤 9시 21분 59초에 백령도 관측소에서 6.575Hz의 음파가 관측되었고, 사건 지점에서 177km 떨어진 경기 김포 관측소에서는 밤 9시 30분 41초에 5.418Hz의 음파가, 220km 떨어진 강원도 철원 관측소에서는 밤 9시 32분 53초에 2.532Hz의 음파가 각각 잡혀 당시 외부 폭발이 있었음을 확인해 주었습니다.[117]

그러나 지진파에 대해서는 다른 의견과 분석도 제시되었습니다. 김소구 소장(당시 한국지진연구소) 등은 한국지질자원연구원의 백령도 관측소, 기상청의 백령도, 덕적도, 강화관측소, 그리고 국제지진관측망 IRIS(Incorporated Research Institutions for Seismology)의 인천 관측소에 기록된 지진파를 분석하여 천안함 침몰 당시에 관측된 지진파는 TNT 폭약량 136kg이 수중 폭발했을 때의 파형을 보여준다고 주장했습니다. 이는 합조단이 제시한 북한산 어뢰의 폭약량(250kg)에 비해 상당히 적은 양이라 어뢰 폭발설을 부정하며, 그 대신에 한국 해군이 1970년대에 설치했다가 다 회수하지 못한 육상조정기뢰(Land Control Mine, LCM)를 침몰 원인

---

116 연합뉴스(2011. 9. 7.), "천안함 침몰원인은 폭발 … 지진파 분석 논문"
117 노컷뉴스(2010. 4. 10.), "천안함 침몰 당시 TNT 260kg '폭발음' 철원까지 감지됐다"

으로 지목합니다. 즉, '기뢰설'을 제시한 것입니다.[118]

또한, 김황수 교수(당시 경상대 명예교수)는 천안함 침몰 당시에 관측된 지진파 기록을 분석하여 거기에서 관찰되는 독특한 주파수의 패턴을 수중음향학 방법으로 분석해 큰 잠수함이 천안함과 충돌했을 때 발생하는 자연 진동수가 지진파에 기록됐을 것이라는 연구 내용을 2014년 11월 온라인 국제 학술지에 발표합니다. 이는 '충돌설'을 뒷받침하는 결론입니다.

이렇듯 지진파와 음파 분석을 통해서는 어뢰설(합조단, 250kg급 어뢰 폭발설), 기뢰설(김소구 소장 등, 136kg급 기뢰 폭발설), 충돌설(김황수 교수, 잠수함 충돌설) 등으로 다양한 해석이 제시되는 상황이기 때문에, 정확한 원인을 파악하기 위해서는 정부가 1차 데이터를 충분히 공개하고 침몰 원인에 대해 다시 조사하는 것이 필요한 상황입니다.[119]

5. 지난 12년 간 이어진 신상철 전 조사위원에 대한 재판

천안함 침몰 원인을 둘러싼 논란은 당시 합조단 내 민간 측 조사위원을 맡았던 신상철 전(前) 조사위원에 대한 지난 12년간의 재판에서도 계속되었습니다. 신상철 전 조사위원은 2010년 6월 김태영 국방부 장관 등의 고소로 검찰 조사를 받고, 그해 8월 정보통신망 이용 촉진 및 정보보호 등에 관한 법률 위반(정보통신망법상 명예훼손) 등 혐의로 기소됐습니다. 그는 천안함 침몰 과정에 '좌초' 사건이 있었을 가능성을 주장

118 한겨레(2014. 11. 27.), "천안함 지진파 기록에 '잠수함 충돌' 단서 있다"
119 한겨레(2014. 11. 27.), "천안함 지진파 기록에 '잠수함 충돌' 단서 있다"

하면서 국방부와 합조단이 침몰 원인을 어뢰 폭발설로 성급하게 몰아가고 있다고 강하게 비판하는 글을 인터넷 매체인 '서프라이즈'에 잇따라 게재했습니다. 합조단이 좌초 가능성과 그 근거를 합리적으로 다루지 않는 모습을 보면서 점점 논쟁에 깊게 참여하게 되었다는 신 전 조사위원은 이후에도 여러 의문과 근거를 종합해 합조단의 북한 어뢰 폭발설을 강하게 부정했으며, 침몰 원인을 설명하는 유력한 시나리오로 '좌초 후 잠수함 충돌'을 제시합니다. 그는 사건 초기에 '좌초' 상황에 관한 보고가 있었으며 희생자 가족이 해군의 설명을 듣고서 작전상황 지도에 '최초 좌초' 표시를 했다는 점, 천안함 우현 프로펠러의 휨 현상이 좌초에 의해 생성되었을 가능성이 크다는 점, 백색 흡착물질이 주로 '1번 어뢰'의 알루미늄 재질 부분에 선택적으로 붙어 있어 알루미늄 부식물일 가능성이 있다는 점, 그리고 함수, 함미, 가스터빈실로 세 동강 난 파손 상태를 보면 둥근 물체와 충돌한 형상이 나타난다는 점 등에 주목하여 '좌초' 사건이 먼저 일어나고서 이후에 충돌로 추정되는 제2차 사건이 일어났을 가능성이 크다는 주장을 폈습니다.

검찰 고소 이후 이례적으로 6년 동안이나 진행된 1심 재판 결과, 2016년 1월 1심 재판부는 34개 기소항목 중 32개 항목은 무죄를 선고하였으나, 2개 항목 즉, '고의 구조 지연'과 '고의 증거 인멸'을 주장한 두 건의 '게시글'은 비방목적이 인정된다며 징역 8개월에 집행유예 2년을 선고합니다.

그러나 2020년 10월 항소심(2심) 재판부는 공적 관심 사안인 천안함의 침몰원인과 관련하여 신 전 조사위원이 자신의 의견을 제시한 것은 '그 진실을 밝힌다는 공공의 이익을 목적으로 하는 것'으로, "정부 발표와 다른 의견을 제시하는 것, 그 자체로 국방부장관, 합조단 위원 개인에 대한 사회적 평가를 저하시킨다고 보기 어렵고, 비방할 목적이 있었다고 단정하기도 어렵다."라고 밝히며 신상철 전 조사위원의 모든 혐의에 대해 '무죄'를 선고하였습니다.

그리고 마침내 2022년 6월 대법원은 정보통신망법상 명예훼손 혐의로 기소된 신 전 조사위원의 상고심에서 무죄를 선고한 원심을 확정해 신 조사위원은 12년 만에 무죄가 확정되었습니다.[120]

6. 천안함 침몰 사건의 진상조사는 여전히 필요하다

천안함 침몰 원인에 대한 과학적 논란은 아직까지 명쾌하게 해결되지 않은 채 남아 있지만, 신상철의 항소심(2심) 재판부조차 "합조단의 분석결과 중 흡착물질, 스크루 휨 현상에 대한 부분은 과학적 사실로 그대로 채택하기 어렵다."라고 판단했습니다. 그럼에도 천안함 사건에 대한 과학적인 문제제기조차 금기시되고 있습니다. 항소심 재판부가 언급한 것처럼 천안함 침몰 사건은 국민의 관심이 집중될 수밖에 없는 사안으로, 따라서 사고 원인과 그 조사과정, 군과 정부 대응이 적절했는지 여부는 당연히 국민의 감시와 비판의 대상이 되는 공적인 영역입니다. 공적인 관심 사안에 대해서는 다양한 의견들이 제시될 수 있으며, 그 의견이 정부의 공식 입장과 다르더라도 공론의 장에서 과학적 분석 등을 통해 검증되는 것이 바람직합니다. 공적 관심 사안에 대한 토론의 규제는 헌법상 보장되는 표

---

120 경향신문(2022. 6. 9.), "'천안함 좌초설' 주장 신상철 무죄 확정…기소 12년만"

현의 자유를 위축시킬 수도 있습니다.

　이러한 측면에서 지난 문재인 정부 시기 대통령 소속 군사망사고진상규명위원회가 신 전 조사위원이 제기한 천안함 침몰원인 재조사를 철회한 것은 바람직하다 보기 어렵습니다. 역사적인 사건에서 공소시효와 같은 유효기간이라는 것은 존재하지 않습니다. 천안함 침몰 사건은 우리 장병들이 순직한 안타까운 사건으로 국민의 관심이 집중될 수밖에 없는 공적인 사안입니다. 침몰원인에 대한 과학적 논쟁이 있는 공적인 사안이기 때문에, 정부가 다시 재조사해 진실을 명명백백하게 밝히는 것이 필요합니다. 이는 순직한 장병들과 유가족, 그리고 생존자들을 폄훼하는 것이 아니라, 오히려 이들의 명예를 회복하여 진심어린 위로를 전하는 과정이라 생각합니다. 천안함 침몰의 원인을 밝히기 위한 논쟁은 여전히 필요하며, 재조사를 통해 과학적으로 규명되어야 할 것입니다.

제6장

—

가습기 살균제 피해사건 (2011년 ~ 현재)

– 공공성과 객관성 대신 기업 이익을 추구한 과학자

1. 가습기 살균제의 피해, 어떻게 알려졌나?

가습기 살균제는 물통 내부 청소가 어렵다는 점에 착안해 살균 성분 물질을 물통에 넣기만 하면 미생물 생장을 억제해 내부 청소를 하지 않아도 된다는 편리함을 목적으로 개발된 상품이었습니다. 1994년 SK케미칼(당시 유공)은 최초의 가습기용 살균제 '가습기메이트'를 개발, 판매하기 시작하였습니다. 그 이후 옥시, 세퓨 등의 회사 제품을 포함해 약 40여 종의 가습기 살균제가 2011년까지 출시·판매되었으며, 판매기업은 과학적 근거 없이 가습기 살균제가 인체에 무해하다며 광고하였습니다. 가습기 살균제는 2000년대 이후 많은 가정에서 생활필수품으로 인기를 끌며 널리 사용되었습니다. 판매중단이 이루어진 2011년까지 18년간 약 890

만 명이 가습기 살균제를 사용한 것으로 추정됩니다.[121]

　CMIT, MIT 같은 저분자 화합물의 살균제 성분 혹은 PHMG, PGH와 같은 고분자 중합체 화합물의 살균제 성분이 주요살균성분으로 사용 되었습니다(<표 9>참고). 처음 이 살균제 제품이 출시될 당시 유해성을 확인할 수 있는 흡입독성실험이 생략된 채 출시되었고 이것이 바로 비극의 서막이었습니다.

[그림 6] 가습기 살균제 피해의 연도별 경과

〈표 9〉 가습기 살균제 성분이 포함된 제품명과 화합물 구조

살균제성분	제품명 (원청사/하청사)	효과	비고
PHMG (Polyhexa-methylene guanidine)	－ 옥시싹싹 뉴가습기당번(옥시RB/한빛화학) － 와이즐렉 가습기 살균제(롯데쇼핑/용마산업사) － 홈플러스 가습기청정제(홈플러스/용마산업사) － 베지터블홈 가습기클린업(홈케어/제너럴바이오)	항진균, 항박테리아 효과	고분자 중합체

121　세계일보(2021. 08. 29.), "가습기 살균제 참사 10주기 … 아직도 재판은 '진행중' [뉴스+]"

PGH (Oligo(2– (2–ethoxy) ethoxyethyl guanidinium chloride)	– 세퓨 가습기 살균제(세퓨)	항진균, 항박테리아 효과	고분자 중합체

CMIT
(Methylchloro–
isothiazolinone)
 	
MIT
(methyliso–
thiazolinone)
	– 애경 가습기 살균제(애경/
	  SK케미칼)
	– 이마트 가습기 살균제(이마
	  트/애경)
	– SK가습기메이트(SK케미칼)
	– 유공가습기메이트(SK이노
	  베이션)
	– 함박웃음 습기세정제 (GS
	  리테일/퓨앤코)
	– 가습기퍼니셔(다이소아성산
	  업/산도깨비)
		항박테리아 효과	저분자 화합물,
			CMIT와 MIT를
			3:1로 섞은 혼합
			물로 제품을 제작

가습기 살균제가 판매된 이후 매년 원인 미상의 중증 폐 질환 환자가 발생하였으나, 병원에서는 발병 원인을 규명하지 못하고 있었습니다. 그렇게 시간이 흘러가던 중 2006년 봄, 폐가 뻣뻣하게 굳어가는 폐섬유화 증세를 보이는 다수의 소아 환자들이 서울아산병원에 내원했습니다. 단순 폐렴처럼 보였으나, 급격하게 상태가 나빠지며 어떤 항생제·항바이러스제 투여에도 증상이 완화되지 않는 특이한 폐 질환이었습니다. 최대 80% 사망률, 의사들은 이 원인불명의 신종 폐질환에 경악했습니다. 아산병원 소아청소년과 의료진은 사태의 심각성을 인지하고 서울의 다른 대학병원에 있는 동료 의사들에게 긴급하게 연락하였습니다. 그리고 다른 병원에서도 동일한 증상의 환자가 내원해 있다는 것을 확인한 후 학회를 통해 환자 발생에 대한 정보와 사례들을 공유합니다. 하지만 이 당시에는 사회적

이슈가 되지는 못하고 의사들 사이에서만 이슈가 된 상황이었습니다. 즉 원인 규명은 하지 못하였고, 소아에 국한된 특이한 폐 질환이 아닐까 추정만 하였다고 합니다.[122]

그로부터 5년 후인 2011년, 다시 유사 증상의 임산부 환자가 다수 입원하였습니다. 서울아산병원 의료진은 사태의 심각성을 인지하고 신속하게 질병관리본부에 역학조사를 요청하였습니다. 국민건강에 큰 해를 끼치는 급박한 상황이었던 만큼 질병관리본부는 조사결과를 빠르게 발표했습니다. 2011년 8월 31일 역학조사 중간결과를 발표하면서 '가습기 살균제(또는 세정제)가 위험요인으로 추정'된다고 밝히며 최종 결과가 나올 때까지 가습기 살균제의 출시와 사용을 자제할 것을 권고했습니다. 이후 질병관리본부는 한국화학연구원 안정성평가연구소에 의뢰하여 동물 흡입독성실험을 진행하였는데, 2011년 11월 1차 동물실험 결과 일부 성분(PHMG, PGH)이 흡입을 통해 환자와 유사한 폐손상을 유발한다는 인과관계를 확인하였으며, CMIT·MIT 주성분 제품에서는 실험동물의 폐섬유화 소견이 확인되지 않았다고 발표하였습니다. 보건복지부는 가습기 살균제 일부 제품에 대해 판매금지 조치를 시행하고 강제수거 명령을 내렸지만, 그 피해는 계속 누적되어 2021년 9월 기준 총 7,576명의 피해신고가 접수되었으며 1,717명의 사망(피해신청자 기준)이 발생하였고,[123] 간접 피해자는 수십만 명에 이를 것으로 추산되고 있습니다.

---

122 경향신문(2013. 07. 26.), "기이한 질환, 2006년 시작된 공포 … 공기 중 떠다니는 그 무엇이 문제였다" 기사 참조

123 한국환경산업기술원, 가습기 살균제 피해지원 종합포털 참조 (https://www.healthrelief.or.kr/home/content/stats01/view.do)

2. 기업의 이익을 위한 두뇌집단: 청부과학자

질병관리본부가 2011년 8월 가습기 살균제를 폐 질환의 원인으로 지목하자, 당시 가습기 살균제 판매 1위 기업이었던 옥시레킷벤키저(Oxy Reckitt Benckiser, 이하 옥시)는 향후 질병관리본부의 실험에 대응하고, 피해자들의 민형사상 소송에 대비하기 위하여 자사 제품(제품명: 옥시 싹싹 가습기당번, PHMG가 주성분)의 독성을 시험하는 연구를 자체적으로 호서대학교 A 교수와 서울대학교 B 교수에게 의뢰하였습니다.

2. 1. 호서대 A 교수

호서대 A 교수는 옥시로부터 2011~2012년 '가습기 살균제 노출평가시험 및 흡입독성시험'에 대한 연구의뢰를 받았습니다. 옥시와 연구계약 체결을 위해 교섭 중이던 2011년 9월 경 A 교수는 옥시 측의 연구소장에게 연구 목적에 대한 내용을 작성하여 이메일로 직접 전달하였는데, 구체적인 내용은 아래와 같았습니다.[124]

- 사망한 임산부의 가족들로부터의 항의 대비
- 폐섬유화의 실세 원인 확인
- 회사 명성 회복
- 가습기 살균제의 향후 식품의약안전처 등록 준비

옥시는 A 교수를 연구책임자로 하는 연구용역을 호서대 산학협력단과

---

124 서울중앙지방법원 제 32형사부 판결, 사건: 2016고합616 배임수재, 사기

체결하고 A 교수는 의뢰받은 실험을 수행하고 연구보고서를 옥시 측에 제공하였습니다. 실제 A 교수의 연구내용은 가습기 살균제를 아파트에서 노출할 경우 실내에 발생하는 PHMG의 농도를 구하는 것이었으므로, 정확한 실험을 바탕으로 PHMG 농도 값을 결과로 제시하면 되는 상황이었습니다.

산학협력단이란?

정부는 산학협력활성화의 비전과 전략을 제시하고 협력의 기반을 제도적으로 마련하기 위해 「산업교육진흥 및 산학협력촉진에 관한 법률」을 제정하였고, 2003년 9월 1일부터 시행하고 있습니다. 이러한 정부시책에 부응하고 대학과 산업체간의 유기적인 협력을 위하여 대학에서는 '산학협력단'을 설치하여 운영하고 있습니다. 주로 대학과 산업체, 지역내·외 연구소 간의 협력 사업을 총괄 관리·지원하는 대학의 전담 조직으로 특수법인의 성격을 가지고 있습니다. 대학과 산업체 (혹은 정부, 지자체, 공공기관) 사이의 협력사업의 계약을 체결하고 관련된 회계를 관리하는 역할을 주로 수행합니다.

A 교수는 옥시 직원이 거주하는 30평 아파트의 큰방과 작은방에서 10월 가을철에 10일간 해당 제품을 권장 사용량만큼 넣고 초음파가습기 1대를 6시간 동안 최대로 가동하여 가습기에서 발생하는 입자 크기와 PHMG 농도를 측정하는 노출평가실험을 실시했습니다. 이 실험에서 인체에 무해한 PHMG 최대 농도인 $40~\mu g/m^3$를 넘어선 $69.53~\mu g/m^3$가 측정되었습니다.[125] 그 이후 A 교수는 옥시 측의 요청으로 예정에 없었던 추가 실험을 겨울철(다음해 1월)에 15일간 재시행하여 가을철 노출평가실험과

---

125 정세권(2019), 「과학기술 연구의 '이해 충돌' 문제와 연구진실성 – 가습기 살균제 독성실험 사례를 중심으로 」, 과학기술정책연구원.

달리 PHMG 농도가 낮게 측정되는 결과를 보고했습니다.[126] 동일한 실험을 반복한 이유가 실험방법, 절차, 환경의 하자나 오류 때문에 아니라, 해당 실험이 애초에 의뢰인이 의도했던 목적을 충족하지 못했기 때문이라는 의심이 제기되었습니다. 또한, 실험을 진행한 장소가 옥시 직원이 거주하는 아파트로 검찰 측은 '옥시 직원들이 실험장소를 수시로 드나들면서 환기했을 가능성'까지 언급하였습니다.[127] 실내의 PHMG 농도를 측정하는 실험을 진행하기에는 통제된 환경이라고 보기 어려웠던 것입니다.

A 교수는 겨울철 노출평가실험에서 PHMG 농도가 가을철 실험결과보다 더 낮게 측정된 이유를 충분히 제시하지 못했습니다. 또한, 폐 손상의 원인이 박테리아, 곰팡이 등이 될 수 있다는 비약적인 견해를 개진한 보고서를 작성하였습니다. 폐 손상의 원인을 확인할 수 있는 실험을 진행하지 않았는데도 폐 손상의 원인을 추정하는 보고서를 제시한 것입니다.

물론 보고서에 연구자의 개인적 의견을 개진할 수 있지만, 이러한 경우에는 기존 문헌들이나 논문과 비교하여 이 실험이 갖는 의미 등을 서술하고 의견의 타당성을 확보하여야 하며, 향후 이 견해를 뒷받침할 수 있는 추가 실험이 필요하다고 쓰는 것이 보편적입니다. 하지만 이 보고서는 보편적인 작성방식을 벗어나 작성되었다고 볼 수 있습니다. 비단 이 보고서뿐만 아니라 A 교수는 2012년 8월경, 가습기 살균제의 제조 판매책임에 관한 민·형사 사건에서 옥시 측의 증거로 사용될 전문가 의견서를 작성해 주었으며, 이에 대한 대가로 2,000만 원 가량 별도 자문료도 지급받았습니다.

이후 A 교수는 옥시 쪽에 유리하게 실험결과 보고서를 작성한 대가로

---

126 환경보건시민센터 보고서 228호 (2016년 14호), (2016. 4. 18.). 8쪽. 본 고에서는 정세권(2019), p.18에서 재인용

127 경향신문(2016. 4. 13.), "[단독] 가습기 살균제 유해성 실험 '업체 주문대로'".

2,400만 원을 자문료 명목으로 받은 혐의로 기소됐습니다. 또 옥시에서 받은 1억 원의 연구비 중 약 6,800만 원을 연구에 참여하지 않은 연구원의 인건비 사용, 연구와 상관없는 기자재 비용 등 불법으로 연구비를 유용한 혐의도 받았습니다. 1심은 "A 교수의 최종 보고서는 옥시 측 의견을 뒷받침하는 근거가 돼 피해 원인 규명에 혼란을 가져왔으며 옥시의 의도와 부합하는 내용의 실험보고서를 작성하였다."라며 징역 1년 4개월에 추징금 2,400만 원을 선고했습니다. 2심은 "A 교수 행위는 호서대학교에서 수행되는 연구의 공정성, 객관성 및 적정성과 그에 대한 사회 일반의 신뢰를 크게 훼손시켜 죄질이 나쁘다."라며 항소를 기각, 원심판결을 유지했습니다. 결국 2017년 대법원판결을 통하여 징역 1년 4개월에 추징금 2,400만 원을 선고한 원심판결이 확정되었습니다. 사회적 공공성과 연구의 객관성을 버리고 기업의 이익을 대변한 과학자가 법의 심판을 받게 된 것입니다.

2. 2. 서울대 B 교수

서울대 B 교수는 동물을 이용한 흡입독성실험을 옥시로부터 의뢰받아 2011년 11월부터 2012년 4월까지 세 차례에 걸쳐 연구보고서를 작성하였습니다.[128]

첫 번째 보고서는 임신 동물의 반복 흡입독성 시험에 대한 내용이 담겨 있습니다. 동 실험에서는 대조군(수도물, 가습기 살균제 무포함), 저농도(가습기 살균제 0.5% 함유), 중농도(가습기 살균제 1% 함유), 고농도(가습기 살균제 2% 함유) 노출군 등으로 대조군과 실험군을 설정하고, 각각의 실험 조

---

128 YESA 이슈리포트 제7호(2017. 3.), "가습기 살균제 흡입독성평가 무엇이 문제였나" 중 발췌

건(가습기 살균제 농도)에 임신한 10주령 실험쥐(Rat) 5마리씩을 노출 시킨 후 일어나는 변화를 조사해 그 결과를 보고하였습니다. 실험쥐들은 임신 확인 후 2일차부터 20일까지(실험쥐의 임신기간은 대략 21일임) 1일 6시간씩, 주 5일간 흡입 노출되었는데, 그 결과 모든 노출군에서 임신한 쥐의 사망은 없었으나 태자(embryo)는 농도에 따라 유의미하게 죽는 현상이 관찰되었습니다([그림 7] 참고). 임신한 쥐의 자궁 내 태자를 분석한 결과, 대조군에서 1태자, 저농도에서 4태자, 중농도에서 4태자, 고농도에서 6태자가 사망한 것으로 나타났습니다. 최초 보고서는 가습기 살균제 흡입 농도에 따라 임신한 쥐의 태자에서 생식독성이 발생할 가능성이 있다는 것을 결론으로 밝히고 있었습니다.

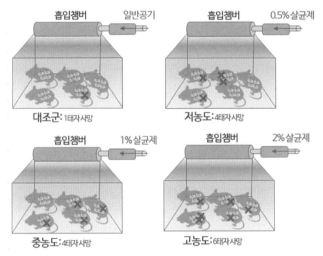

[그림 7] 임신한 쥐를 이용한 흡입독성 실험의 모식도 및 결과

두 번째, 세 번째 보고서는 이유는 알 수 없지만, 임신한 실험쥐 대신 임신하지 않은 10주령의 암수 각각 10마리씩으로 실험대상을 바꿔 진행한

결과가 담겨있습니다. 즉, 두 보고서에는 태자에 대한 내용은 담겨있지 않고, 성체 실험쥐에 대한 흡입독성시험 결과만 보고되어 있습니다. 실험은 첫 번째 보고서와 동일한 세 가지 농도 조건과 대조군으로 나누어 진행되었고, 노출 시기는 2주, 4주, 13주로 설정하여 진행하였습니다. 두 번째와 세 번째 보고서(이하 최종 보고서)는 동일한 실험결과를 보고한 것으로 거의 같은 내용을 담고 있었습니다. 실험결과를 살펴보면 2주간 흡입독성에 노출되었을 때는 대조군과 실험군 간 몸무게 차이가 보이지 않았지만, 4주, 13주간 흡입독성에 노출되었을 때는 고농도 노출군 실험쥐에서 유의미한 체중 감소가 보였습니다. 혈액검사 결과에서도 2주, 4주, 13주차 고농도 노출군 실험쥐에서 모두 유의미한 변화가 관찰되기도 하였습니다. 최종 보고서에서 주목할 점은 흡입독성에 따른 폐병변 관측 결과 이상하게도, 대조군과 흡입독성에 노출된 실험군 모두에서 폐병변이 나타났다는 것입니다. 가습기 살균제를 포함하지 않은 대조군에서도 폐병변이 나타났다는 것은 비정상적인 상황으로, 이는 애초에 실험이 잘못 설계되었을 가능성을 내포하는 결과입니다. 보고서에서도 이를 인정하여 "대조군에서도 나타나는 이러한 병변은 일반적으로 나타나는 결과가 아니며 시험물질 외에 다른 환경요인에 의한 것으로 생각되며, 특히 시험 특성상 챔버 내 습도가 상대적으로 높기에 이로 인한 병변으로 추정되어진다."라고 실험 설계의 문제를 지적하고 있습니다. 일반적인 과학 논문이라면 이런 경우 대조군에서 폐병변이 일어나지 않도록 실험 조건을 새로 만들어 실험을 다시 수행해야 합니다. 하지만 최종 보고서에서는 대조군과 실험군에서 모두 폐병변 증상이 나타났기 때문에, "결론적으로 실험군 실험쥐에서 투여물질에 의한 독성학적 변화로 판단할 차별적 병변은 관찰할 수 없었다."라는 비약적이고 비논리적인 결론을 내리고 있습니다.

연구보고서 조작혐의로 재판에 넘겨진 서울대 B 교수는 지난 2016년 9월 선고된 1심에서 징역 2년 형과 벌금 2,500만 원형을 받고 복역하다가 2018년 4월 항소심 재판부가 증거위조 혐의에 대한 무죄를 선고했고, 연구용역과 무관한 물품 대금 5,600만 원을 유용한 사기죄만 인정돼 징역 1년에 집행유예 2년을 선고받아 풀려났습니다. 또한, 재판부는 옥시로부터 연구비와 별도로 받은 1,200만 원도 단순 자문비로 판단해 무죄를 선고했습니다. 당시 항소심 재판부는 "연구용역을 제안받은 교수는 부당한 요구가 아닌 한 의뢰 업체의 요구를 최대한 반영해 시험을 진행할 책임이 있고 수시로 협의가 가능하다 … 부정행위에 해당하지 않는다."라며 B 교수에게 면죄부를 주었습니다. 이에 반해 서울대 연구 진실성 위원회는 2018년 12월 B 교수가 실험 수치를 조작하여 연구자료를 조작하고 연구 데이터를 축소·왜곡 해석해 진실하지 않은 연구결과를 도출했으므로 연구 진실성 위반 정도가 매우 중대한 것으로 판단된다는 결론을 내렸습니다.[129]

서울대 B 교수의 경우 2021년 4월 대법원판결을 통하여 징역 1년에 집행유예 2년을 선고한 2심이 확정되었습니다. 이에 대하여 가습기 살균제 피해자들과 시민단체로 이뤄진 가습기 살균제참사전국네트워크는 논평을 통해 "사법부는 가습기 살균제 참사의 진상을 조작하고 은폐하려는 가해 기업들이 건넨 뒷돈을 받고 연구자의 양심을 판 '청부과학자'에 면죄부를 쥐어주고 말았다."라며 "탐욕으로 뭉쳐진 이들의 동맹에 최소한의 법적 책임조차 묻지 못하는 사법부를 규탄한다."라고 밝혔습니다.[130]

129 경향신문(2020. 12. 20.), "옥시가습기 살균제 연구부정 의혹 교수, 서울대는 징계 4년 7개월째 손 놔" 기사 참조
130 https://www.peoplepower21.org/Solidarity/1788953. 옥시에 양심 판 B에 면죄부 준 대법원 규탄한다, 2021. 01. 29. 논평 참조

옥시 측은 자사에 유리한 보고서를 작성해 줄 수 있는 과학자를 찾아 연구비와 자문료를 제공하고 그 보고서를 바탕으로 가습기 살균제의 유해성을 감추려고 하였습니다. A와 B 교수는 옥시의 연구용역을 받아 독성 결과 보고서를 작성하였고, 이를 근거로 옥시 피해자들은 피해보상이 늦어지는 고통을 받게 되었습니다. 사회에 지대한 영향을 끼칠 수 있는 연구일수록 더욱 신중하고 정직하게 전문적인 의견을 제시하는 것이 마땅합니다. 하지만 A와 B 교수는 옥시에 유리한 증거를 만들어주거나 연구 진실성을 위반함으로써 과학자에 대한 사회 일반의 신뢰를 크게 훼손시켰다고 볼 수 있습니다.

연구부정행위 혹은 연구윤리위반에 대한 행위가 과연 법적으로 다루어질 수 있는 사항인가에 대한 추가 논의는 필요합니다. 실제로 A와 B 교수 모두 연구부정행위로 처벌받았다기보다는 연구비 유용 문제로 처벌을 받았습니다.[131] 연구 보고서의 불완전하고 미흡한 결과를 연구윤리의 잣대로 판단해야 하는지, 아니면 증거위조 및 조작의 혐의로 보아 법의 잣대로 판단해야 하는지는 깊은 고민이 필요한 지점입니다.

3. 질병관리본부의 초기 가습기 인체 유해성 조사에도 문제가?

질병관리본부는 2011년 11월 1차 동물실험 결과 옥시 제품의 성분을 포함한 PHMG, PGH가 흡입을 통해 환자와 유사한 폐손상을 유

---

131 경향신문(2021. 04. 29.), "'가습기 살균제 안전성평가 조작' 서울대 교수 무죄에 피해자들 면죄부 … 사법부 존재 이유 뭐냐" 기사 참조

발한다는 인과관계를 확인하였습니다. 하지만 애경의 제품이었던 가습기메이트의 경우(SK케미칼에서 개발한 CMIT·MIT가 주성분인 제품)에는 실험동물의 폐섬유화 소견이 확인되지 않았다고 발표하였습니다. 질병관리본부는 그해 11월 옥시 등 제품 6종에 대해 수거 명령을 내리면서도 끝까지 CMIT·MIT 함유 제품은 제외했습니다. 동물실험결과를 바탕으로 2012년 2월 질병관리본부는 CMIT·MIT와 폐 섬유화의 의학적 인과관계가 불분명하다고 결론을 내렸으며 검찰은 이를 근거로 CMIT·MIT 원료를 제조·사용한 SK케미칼, 애경에 대한 수사를 유보했고 공정거래위원회도 무혐의 처분을 내렸습니다. 2012년 9월, 환경부는 위해성 심사를 통해 CMIT·MIT의 독성을 확인하였고 유독물로 지정했지만, CMIT·MIT를 사용한 피해자에 대한 구제를 구체적으로 언급하지는 않았습니다.

하지만 2019년 당시 질병관리본부가 의뢰한 동물실험을 담당했던 책임연구자를 통해 가습기메이트의 실험과정에 오류가 있었고, 질병관리본부가 그런 내용을 미리 알고도 묵인했다는 증언이 나왔습니다.[132] 2011년 질병관리본부의 초기 독성실험 중, 유독 CMIT·MIT 성분만 예비시험을 생략하는 등 허술하게 진행된 정황도 드러났습니다.[133] 질병관리본부의 동물흡입실험은 통상 기도 내 투여량을 결정하는 예비시험, 기도 내 투여시험, 흡입독성시험 순으로 진행됩니다. 조사 결과, 질병관리본부는 2011년 10월 CMIT·MIT에 대해 예비시험을 건너뛰고 곧바로 기도 내 투여 시험을 실시했습니다. 이때 투여량은 이미 예비시험을 거친 PHMG 투여량(제품 1/10 희석 배율)과 동일하게 맞추었습니다. CMIT·MIT는 PHMG보다 독성 수준이 낮아서 같은 기준을 적용할 경우 독성이 나오지 않을

132 SBS(2020. 3. 20.), "질본, 가습기메이트 실험 오류 묵인 연구원 증언", 기사 참조
133 경향신문(2020. 12. 02.), "질본, 가습기 살균제 유해성 발표 때 기업 요구로 '성분명' 숨겼다", 기사 참조

가능성이 큽니다. 실제 동물실험 결과, 폐 섬유화가 확인된 PHMG와 달리 CMIT·MIT 투여 쥐에서는 폐 섬유화 증상이 보고되지 않았습니다. 이 실험을 담당했던 연구자에 따르면 당시 실험에 사용된 가습기메이트의 흡입농도는 1.83 ㎎/㎥이었는데, 이미 유럽연구에서 2.64 ㎎/㎥ 이하의 농도에서는 폐 섬유화가 발생하지 않는다는 것이 확인된 물질이었다고 합니다. 하지만 실험에서 사용된 흡입농도가 그 당시 실험실에서 만들 수 있는 최대의 노출 농도였다는 한계가 있었으며 그에 따라 연구원도, 질병관리본부도 유해하지 않다는 결과가 나올 것이라고 예견했다고 합니다. 연구원은 이러한 실험의 한계 때문에 CMIT·MIT의 유해성을 결론지을 수 없으며 후속 연구가 필요하다고 질병관리본부에 보고했습니다. 하지만 질병관리본부의 추가연구는 없었고 이 자료는 오히려 검찰에 제출돼 SK케미칼과 애경이 기소에서 제외되는 근거로 사용되었습니다.

이후 2017년 환경보호학회지에 게재된 연구는 CMIT·MIT의 장·단기 노출시험에서, 특정 노출 농도에 이르면 쥐의 사망률이 급격하게 증가한다는 연구결과를 보고했습니다.[134][135] 사망한 쥐는 야윔, 종말 호흡, 폐가 빵빵하게 부푼 풍선화 현상이 관찰되었습니다. 폐 섬유화를 관찰하지는 못했지만 CMIT·MIT가 특정농도에 이르면 사망을 일으킬 수 있다는 점을 시사하는 연구였습니다.

이후 2019년 안전성평가연구소 이규홍 박사팀의 '가습기 살균제 성분과 호흡기질환 유발 및 악화 사이의 상관성 규명을 위한 in vivo 연구'를 통하여 CMIT·MIT의 호흡기 노출과 폐 손상의 인과관계가 과학적으로

---

134 김하영 외(2017), "마우스의 기도 내 점적을 통한 가습기 살균제 CMIT/MIT와 사망 간의 원인적 연관성에 관한 연구", J Environ Health Sci., 43(4): 247–256
135 메디컬투데이(2017. 10. 20.), "국내 연구팀, '가습기 살균제 성분 CMIT/MIT 폐손상 없이 사망 일으켜'", 기사 참조

밝혀졌습니다. 연구팀은 CMIT·MIT 성분을 쥐에 반복적으로 기도 내 투여한 이후 폐 손상을 관찰했으며, 폐 중량이 증가하고, 염증성 사이토카인 수치가 증가하는 것을 확인했습니다.[136]

4. CMIT·MIT 성분의 가습기 판매회사의 1심 무죄판결, 재판부의 무죄 판결 근거는 무엇인가?[137]

이러한 연구결과에도 불구하고 2021년 1월 법원은 CMIT·MIT 성분의 가습기 살균제를 제조 또는 판매한 SK 케미컬과 애경산업, 이마트 등의 전임 임직원들에게 모두 무죄를 선고했습니다(서울중앙지방법원 2019고합 142, 388(병합), 501(병합)). 해당 가습기 살균제와 폐 손상, 천식과의 직접적인 인과관계가 과학적으로 증명되지 않았다고 판단한 것입니다. 이 재판에 증인으로 참석한 과학자들과 한국환경보건학회 등의 전문가들은 공개적으로 기자회견을 열어 법원의 판결을 강하게 비판하였습니다.[138] 과학적 증거가 법원의 증거로 채택되지 못하였기 때문입니다. 왜 연구결과가 증거로 채택되지 못하였는지 자세히 살펴보도록 하겠습니다.

첫째, 재판부는 이번 판결에서 "인과관계가 합리적인 의심의 여지없이 입증될 것을 요구하는 형사재판"이라는 관점을 유지하였습니다. 따라서

---

136 동아사이언스(2021. 01. 19.), "가습기 살균제 무죄 판결 연구결과 오해 … 천식질환 간 인과관계 가능성 있어", 기사 참조
137 FOSEP 논평(2021. 4. 5.), "CMIT/MIT 성분 가습기 살균제 제조-판매사에 대한 1심 무죄 판결을 비판한다." 중 발췌
138 동아사이언스(2021. 03. 06.), "[프리미엄 리포트] 가습기 살균제 '무죄 판결' 둘러싼 과학적 쟁점들"

재판부는 CMIT·MIT가 인체에 미치는 직접적 인과관계를 밝히기를 요구하며, 과학 연구가 인간 대상 실험을 할 수 없는 본질적 한계를 문제시했습니다. 유해 물질이 인체에 미치는 직접적 인과관계를 '합리적인 의심의 여지없이 입증'하는 것은, 유독물질을 사람에게 직접 투여하는 실험을 통해서만 가능할 것이므로 불가능한 것을 요구한 것입니다. 동물실험에서 나타난 병변이 사람의 병변과 완전무결하게 동일하지 않은 것도 무죄로 판결된 이유 중 하나입니다. 동물과 인간은 다른 종이기 때문에 동물실험의 결과가 사람과 완벽하게 동일하기는 어렵습니다. 다양한 과학 실험을 통하여 사람과 동물간의 유사성이 입증되었지만 차이점도 존재할 수 있기에 반론이 존재할 수밖에 없습니다. 유해물질 제조산업이 '유해물질이 건강에 미치는 악영향에 대한 과학적 증거를 흔들고 불확실성을 조장해 책임을 회피하는 전략'은 익히 잘 알려져 있습니다. 책『청부과학』(데이비드 마이클스 저)은 담배회사가 담배가 건강에 해롭다는 사실에 대해 '역학 및 실험 연구의 불확실성'을 근거로 의심을 퍼트리며 어떻게 책임을 회피하는지 자세히 설명하고 있습니다. 이번 판결에서도 CMIT·MIT 성분 가습기 살균제 제조사 변호인단은, 그간 담배회사가 취했던 전략처럼 '모든 관련 연구를 문제 삼고, 모든 연구방법을 비판하고, 모든 결론을 논박함으로써 불확실성을 제조'하는 전략을 취했습니다. 변호인단은 CMIT·MIT 성분 가습기 살균제 관련 개별 동물실험의 한계, 역학조사의 한계를 쟁점화하였습니다. 재판부는 동물실험, 역학조사의 의미와 한계를 종합하여 추론하기 보다 동물실험, 역학조사가 본질적으로 가질 수밖에 없는 '불확실성'을 문제 삼으며 가습기 살균제 사용과 폐질환 발생 간 인과관계가 명확히 증명되지 않았다고 판단한 것입니다.

둘째, 재판부는 과학적 증거를 얻는 과정이 중립적이지 않다고 판단했습니다. 앞서 살펴본 연구에서는 기도점적(기도에 성분을 떨어뜨리는 방식)을 통해 CMIT·MIT가 폐섬유화를 동물에서 유발한다는 결과가 나왔습니다. 하지만 재판부는 연구진이 '흡입노출 방식이 아닌 점적투여 방식으로 실험조건을 변경해 가면서 이 사건 각 시험을 계속해서 진행'했는데, 이러한 방식은 '중립적인 결과를 도출하고자 하는 실험과는 달리 연구자의 편향이 개입될 여지'가 있다며 이를 증거로 채택하지 않았습니다. 증거로 제출한 동물실험이 지나치게 가혹한 노출 조건(권장 사용량의 최대 833배의 고농도)으로 이루어져 있으므로 중립적인 결과를 얻었다고 판단하기 어렵다는 것이 재판부의 의견이었습니다. 하지만 이는 과학실험방법론을 제대로 이해하지 못한 것입니다. 우선 과학자들은 의도적으로 고농도의 실험을 진행한 것은 아닙니다. 앞서 언급한 대로 사람과 동물 간의 종간 차이, 또한 동물 개체 간 차이 등이 존재할 수 있으므로 저농도부터 아주 높은 농도까지 다양한 농도를 산정하여 실험을 진행합니다. 그리고 어떠한 농도에 도달했을 때, 병변이 일어나는지를 객관적으로 판단하여 결과를 보고합니다. 이때 적합한 대조군을 통하여 실험이 정확하게 수행되었는지 확인합니다. 물론 사람에 비해 훨씬 고농도의 CMIT·MIT에 노출되었을 때 병변이 나타났지만, 고농도의 실험을 수행했다고 하여 연구결과에 연구자의 편향이 개입되었다고 판단하는 것은 무리가 있습니다. 오히려 종간의 차이로 인하여 인간에 적용되는 독성 기준치가 동물과 다를 수 있다고 결론을 내리는 것이 더 합리적이라 생각됩니다[139]

셋째, 과학계와 재판부가 증거에 접근하는 방식이 확연히 달랐습니다.[140]

139 동아사이언스(2021.03.06.), "[프리미엄 리포트] 가습기 살균제 '무죄 판결' 둘러싼 과학적 쟁점들"
140 동아사이언스(2021.03.06.), "[프리미엄 리포트] 가습기 살균제 '무죄 판결' 둘러싼 과학적 쟁점들"

예를 들어 증거가 10가지라면 과학계는 10가지 증거를 종합해 판단을 내리지만, 법원에서는 일대일로 인과관계를 평가한 후, 부족한 증거는 처음부터 채택하지 않았습니다. 임상, 역학, 노출, 독성 등 다양한 과학 분야의 전문가들이 협력한 가습기 살균제 사안에서 과학자들은 여러 가지 실험 결과를 보고 가중치를 둬서 결과를 추론하거나 인과관계를 판단했습니다. 반면 법원에서는 개별 증거별 접근 방식을 취했습니다. 모든 과학연구에는 한계점이 있을 수밖에 없는데, 판결은 연구의 한계점만을 선택해 증거불충분의 근거로 삼았습니다.[141] 향후 2심에서는 과학자들의 증거해석 방식도 존중받아야 재판의 결과가 달라질 수 있을 것으로 생각됩니다.

5. 청부과학, 극복 방안은 무엇일까?[142]

일반적으로 연구자가 과학 논문을 통해 연구 결과를 투고하거나 발표하면, 우선적으로 동료평가(Peer review)를 통해 심사를 받고, 이후 다른 동료들에 의해 재현이 되는지 검증을 받습니다. 연구자도 인간이기에 때로는 실수할 수도 있고 실험결과에 대해 잘못된 해석을 하는 경우도 있으므로 전문가 집단의 동료평가와 재현가능성에 대한 검증이 필요한 것입니다. 또한, 논문에 이해상충(Conflict of Interest) 부분을 의무적으로 기술하여야 합니다.

호서대 A, 서울대 B 교수와 같은 청부과학자들이 작성한 보고서의 경우 동료 연구자들로부터 검토를 받을 기회가 전혀 없었는데, 이는 연구팀

---

141 한겨레(2021.01.19.), "환경·보건 전문가들, 가습기 살균제 재판부 과학적 이해 부족했다"
142 YESA 이슈리포트 제7호(2017.3), "가습기 살균제 흡입독성평가 무엇이 문제였나" 중 일부 발췌

이 옥시라는 회사와 일대일 관계 속에서 연구 과제를 수행하고 보고서를 작성하였기 때문입니다. A 교수는 변인 통제를 정확하게 하지 못하였고, B 교수는 대조군 실험이 적절하지 못하였습니다. 만일 전문가 동료 평가 등의 과정을 거쳤다면 실험의 문제점이 지적당해 실험을 재설계하라는 평가를 받았을 것이고, 비약적인 결론에 대한 비판도 받았을 것으로 예상됩니다. 하지만 연구팀은 이러한 과정을 거치지 않고 연구용역을 의뢰한 기업과만 소통하며 기업에 유리한 결과를 보고서로 작성하였습니다.

이해상충(Conflict of Interest)이란?

이해상충이란 진리 탐구를 통해 인류 복지에 기여한다는 연구의 일차적인 목적이 경제적 이익을 비롯한 부수적인 목적에 영향을 받는 상황을 말합니다. 이런 일차적인 이해에 영향을 미치는 이차적인 이해는 금전적 이익, 취업, 승진, 연구실적 등 유무형의 다양한 형태가 있습니다.[142]

하지만 과학기술 연구과정에서 이해 충돌이 발생하는 상황 자체가 무조건 부정적인 것은 아닙니다. 연구자는 연구 과정에서 일차적 이해를 당연히 중시해야 하지만, 연구 외적인 생활 영역에서 수많은 이차적 이해관계를 가지게 되며, 이 두 가지가 완전히 분리되는 것은 불가능하기 때문입니다.[143]

만일 해당 연구자가 이해상충의 가능성이 있다면 논문 등에 스스로 공표하여 의견을 구하는 것이 바람직한 방법으로 간주되고 있습니다. 예를 들어 연구가 기업의 지원금을 받은 경우 저자는 이를 스스로 밝히고 연구에 편견이 개입하지 않았음을 공식적으로 밝혀야 합니다.

---

143 박기범(2006), 「연구자의 이해 충돌 문제와 그 대처 방안」, 과학기술정책연구원.

144 정세권(2019), 「과학기술 연구의 '이해 충돌' 문제와 연구진실성 – 가습기 살균제 독성실험 사례를 중심으로」, 과학기술정책연구원.

옥시와 옥시의 의뢰를 받은 연구팀 간의 관계에서도 잘 드러났듯이, 연구과제를 의뢰하고 연구비를 제공하는 주체는 가습기 살균제 문제의 해당기업인 옥시였습니다. 따라서 연구자는 해당 기업의 이익으로부터 자유로울 수는 없는 상황에 처할 가능성이 있습니다. 실제로 서울대 B 교수는 옥시가 저농도 조건에서 가습기 실험을 하도록 기준을 설정했다고 2016년 8월 법정에서 실토하기도 했습니다. 첫 번째 보고서에서는 태자에서 흡입독성 발생 가능성을 제시했지만, 최종 보고서에서는 태자에 대한 부분이 완전히 제외된 것도 해당기업의 이익과 관련이 있을 것으로 보입니다.

이러한 문제를 해결하기 위해서는 연구자의 양심에만 호소할 수는 없습니다. 제도와 구조의 문제이기 때문에 제도와 구조를 재설계하는 것으로부터 해결책을 찾아야 합니다. 서울대 연구팀의 부정이 밝혀진 후, 2017년 1월 1일자로 서울대 산학협력단은 「서울대학교 민간연구비 관리 지침」을 개정·공포하였습니다. 그 내용 중 하나는 사회적 물의를 일으킬 수 있는 연구를 원칙적으로 수행하지 않도록 하는 등 민간지원 연구 과제 협약 시 이해상충방지서약서 제출을 의무화한 것입니다. 그리고 연구자가 민간 기업으로부터 연구과제를 의뢰받아 작성한 결과 보고서는 앞으로 산학협력단을 거쳐 해당 기관에 제출하도록 하였습니다. 이러한 서울대의 조치는 연구자 개인의 연구부정을 줄일 수 있다는 측면에서 환영할 만하지만, 여전히 학내에서만 이를 관리·감독한다는 한계가 있어 보입니다. 또한, 최종 보고서가 산학협력단을 거치기만 할 뿐, 보고서의 내용이 과학적으로 타당한지 검토할 수 있는 전문가 집단이 없는 것도 문제입니다.

사회적 피해의 원인을 밝히는 연구가 민간 기업의 이익과 관련이 있을 때, 그 연구는 공공의 이익을 기준으로 객관적으로 수행되어야만 합니다.

옥시-대학 연구팀의 사례에서 나타난 문제점을 구조적으로 해결하기 위해서는 사회적 피해의 원인을 밝히는 연구를 공적 영역에서 공정하게 수행할 기능을 마련하는 것이 필요하다고 생각됩니다. 민감한 주제의 경우 민간 기업이 연구자에게 직접 접촉하여 연구를 의뢰하는 것이 아닌 정부 소속 기관에 연구비를 지급하여 연구를 의뢰하고, 정부 기관은 공모를 통해 연구자를 선정하는 시스템의 개선이 필요합니다. 필요한 경우 공정성을 위해 연구자 선정 시 암맹평가(Blind review)를 도입하는 것도 고려해볼 만합니다. 연구자는 수행된 연구결과를 직접 해당 기업에 제출하는 것이 아니라 정부 기관에 제출하고, 정부 기관이 그 결과를 기업에게 전달하는 시스템이 필요하다고 생각됩니다. 정부 기관은 전문가 동료 평가를 통해 결과보고서에 대한 검토를 받고, 동료 평가 및 검증 결과를 토대로 연구자에게 수정을 요청할 수도 있습니다. 이러한 시스템은 연구자가 해당 기업의 이익과 관계없이 객관적으로 연구를 수행할 수 있도록 하며, 또한 민간 기업 등의 이해가 얽혀있는 문제와 관련된 연구가 공적인 영역에서 공정하게 수행되도록 할 수 있을 것입니다.

　법원의 증거 판단 방법이 과학적 방법론을 좀 더 존중하는 방향으로 바뀐다면 청부과학자들이 설 공간이 점점 좁아질 것입니다. 앞서 기술한대로 형사재판에서 증거로 채택될 수 있는 '완전무결한 인과관계' 증거는 불가능한 경우가 많습니다. 예를 들어 인간에게 고준위의 방사능을 조사한다면 인간은 즉사하거나 병에 걸리게 됩니다. 이 경우에는 고준위의 방사능이 병 혹은 사망의 원인이라 단정할 수 있습니다. 하지만 저준위의 방사능을 오래 조사한다면 어떨까요? 많은 역학연구는 방사능 폐기장 혹은 핵발전소 주변에 거주하는 사람들에게 암 발생확률이 높다는 것을 경고하고 있습니다. 하지만 이러한 역학연구 결과는 암 발병의 직접적인 원인으로 평가받지 못하고 있습니다. 워낙 오랜 기간 저준위 방사능에 유출되었으므로 다른 환경적 요인이 개입될 가능성이 높으며, 개인별로 암을 유발하는 유전자의 돌연변이가 다를 수도 있으며, 다른 암 유발 요인이 될 수 있는 흡연과 같은 생활 습관도 개인차가 있을 수 있기 때문입니다. 즉, 다양한 불확실성으로 인하여 '완전무결한 인과관계'가 성립될 수 없는 것입니다.

이러한 점을 청부과학은 파고들어 재판에서 자신에게 유리한 방법으로 악용하고 있습니다. 실제 역학조사 결과가 가장 큰 증거임에도 불구하고 증거로 채택되기 어려운 까닭입니다. 완전무결한 증명을 위하여 사람을 대상으로 실험을 할 수는 없으니까요. 동물실험을 진행한 경우에도 마찬가지입니다. 설사 동물에 병을 유발할 것으로 생각되는 인자를 노출시켜 사람의 병변과 동일한 결과를 얻었을지라도 청부과학은 불확실성을 내세우며 재판부가 이를 증거로 채택하지 못하도록 방해합니다. 사람과 동물이 다르다는 내용을 앞세워 명백한 증거가 없다며 기업을 변론합니다.

이처럼 재판부는 개별적으로 증거의 인과관계를 확인하고 각 증거의 인과관계가 명확하지 않으면 그 증거 자체를 채택하지 않지만, 과학계의 일반적인 증거접근 방법은 이와는 다릅니다. 다양한 증거를 수집하고 각 증거에 대해 가중치를 두어 합당한 증거인지를 판단하고 전반적인 결론을 이끌어냅니다. 실험적 혹은 지식의 한계 등으로 인하여 과학자들이 모든 현상을 확실하게 증명해주진 못하지만, 현재의 지식수준에서 가장 중요한 증거가 무엇인지, 이로 인하여 어떤 견해를 가지고 있는지를 전문가로서 제시해 줄 수 있습니다. 재판부가 청부과학에 놀아나지 않기 위해서는 이러한 전문가의 의견을 수용하는 자세가 필요하다고 생각됩니다.

〈표 10〉「가습기 살균제 참사」 시간별 사건 정리

1. 1994년 SK(유공), 세계 최초로 가습기 살균제 출시
- 1994년 하반기, '가습기메이트' 상품출시, 제품의 안전성을 확인하지 않음
- 1995년 옥시 '가습기당번' 출시
- 1997년 LG119 '가습기 살균제거', 2002년 애경 '가습기메이트', 2003년 롯데마트 PB '와이즐렉', 2006년 이마트 PB '이플러스', 2007년 GS PB '함박웃음' 등 47개 이상의 가습기 살균제 제품 출시

2. 2011년 가습기 살균제 참사, 처음으로 알려져
- 2011년 8월, 원인불명의 폐질환 관련 정부의 역학조사 발표
- 2011년 11월, 가습기 살균제 흡입독성실험결과 발표로 폐질환의 원인 확인

3. 2014년 첫 피해 인정
- 2014년 3월, 질병관리본부의 1차 피해 판정결과가 나옴

4. 2016년 청부과학의 사회문제화
- 호서대 A 교수와 서울대 B 교수의 옥시 연구용역과 관련된 청부과학문제 대두
- 2016년 1월, 호서대 A 교수 징역 1년 4월 확정
- 2021년 4월, 서울대 B 교수 징역 1년, 집행유예 2년 확정

5. 2016년 국정조사와 청문회
- 2016년 '가습기 살균제 사고 진상규명과 피해구제 및 재발 방지 대책 마련을 위한 국정조사특별위원회' 구성계획안을 국회 본회의 만장일치로 통과
- 세 차례 청문회 열렸으나 옥시의 핵심 전직 임원 불참 등으로 불충분한 조사

6. 2016년 CMIT·MIT 성분 가습기 살균제 가해 기업 수사
- 2012년 8월, 피해자들 고발 이후 3년 5개월만의 늑장 수사가 시작됨
- 정부관계자들도 수사했지만 한 명도 기소하지 않음

7. 2017년 문재인 대통령 사과
- 2017년 8월, 피해자 14명을 청와대로 초청해 사과하고 문제해결을 약속

8. 2021년 SK, 애경, 이마트 등 1심 무죄판결
- 2021년 1월, 업무상 과실치사·상 혐의로 기소된 SK케미칼·애경산업 등 관계자 13명에게 무죄를 선고
- 현재 항소심 재판 중

제7장

—

서울시 공무원 간첩 조작 사건
(박근혜 정부, 2013년)

– 조작에 쓰인 과학, 조작을 밝혀낸 과학

1. 디지털 포렌식이 밝혀낸 간첩 조작 사건

　　2013년 1월 국가정보원(이하 국정원)은 당시 서울시 공무원으로 재직 중이던 유우성 씨를 간첩혐의로 구속기소 했습니다. 유씨는 화교 출신으로 2004년 탈북한 뒤 2011년 탈북자 대상 서울시 특별전형에 합격하여 서울 거주 탈북자 지원 업무를 전담하고 있었습니다. 국정원은 유씨가 2005년부터 2년간 북한 국가안전보위부 지령에 따라 북에 여러 차례 밀입북, 보위부 당국자들을 접촉하고 탐문 공작원을 함북 회령에서 만나 200여 명에 이르는 탈북자 명단과 정착 상황, 생활환경 등 관련 정보를 북한에 넘기는 등 국가보안법과 여권법을 위반했다고 주장했습니다.[145] 당시 주요 언론도 앞 다투어 '서울시 공무원 간첩 사건'으로 이를 보도했고, 한동안 공안 이슈가 온 나라를 뒤덮게 됩니다.

그러나 같은 해 8월 법원은 유씨에 대한 국가보안법 위반 혐의를 무죄로 판단합니다. 무죄의 근거는 크게 두 가지였습니다. 첫 번째는 사건의 핵심 증인인 유씨의 여동생 유가려 씨의 증언이었습니다. 유가려 씨는 6개월간 감금되어 국정원으로부터 자백을 강요받았고, 결국 이에 못 이겨 유씨와 면담도 하지도 못한 채로 오빠가 자백했다는 말에 간첩 혐의를 인정했습니다. 그러나 유가려 씨는 재판과정에서 유씨가 자백을 한 적이 없다는 사실을 알게 되었고, 국정원의 강압 조사를 폭로하며 기존 진술을 뒤엎습니다. 두 번째로 재판과정에서 국정원과 검찰이 제시한 디지털 증거와 공문서 등이 조작되었음이 밝혀지면서 법원은 "객관적인 증거와 명백히 모순되고 진술의 일관성 및 객관적 합리성이 없다."라고 판단합니다.[146] 검찰의 항소에 2014년 고등법원에서도 국가보안법 혐의에 무죄를 선고했고,[147] 2015년에 대법원은 이를 확정합니다.[148] 이로써 이 사건은 국정원과 검찰에 의해 악의적으로 조작된 공안 사건으로 기록됩니다.

서울시 공무원 간첩 조작 사건은 검찰 측과 변호인단 모두가 현대 IT 과학기술로 탄생한 디지털 포렌식을 중요 증거 수집에 사용했다는 특징을 가지고 있습니다. 다만 검찰 측은 디지털 포렌식을 증거 조작에 사용했고, 변호인단은 검찰 측 주장이 사실과 다르다는 것을 증명하는 것에 사용했다는 점이 다릅니다. 이 사건은 누가 어떻게 사용하느냐에 따라 과학기술이 진실을 덮는 도구가 될 수도 있고, 반면에 진실을 밝히는 도구도 될 수

145 동아일보(2013. 2. 27.), "탈북자 200명 정보 北에 넘긴 '공무원 간첩' 구속"
146 노컷뉴스(2013. 8. 22.), "서울시 공무원 유모씨, 간첩 혐의 무죄"
147 연합뉴스(2014. 4. 25.), "유우성씨, 항소심도 간첩 혐의 무죄"
148 경향신문(2015. 10. 29.), "대법, 서울시 공무원 유우성 씨 간첩 혐의 무죄 확정"

가 있다는 것을 잘 보여줍니다.

2. 디지털 포렌식으로 찾아낸 무죄 증거

검찰은 1심 공소장에서 유씨가 2012년 1월 22일부터 1월 24일까지 밀입북하여 간첩 행위를 했다고 주장했습니다. 그리고 이를 뒷받침하는 증거로 국정원 디지털 포렌식팀은 21일과 23일 유씨가 본인의 아이폰으로 북한에서 직접 찍었다는 사진 6장을 들었습니다. 그런데 이상하게도 국정원은 디지털 사진의 원본 파일이 아니라 A4용지에 출력한 것을 사진이 찍힌 날짜와 카메라 기종에 대한 정보와 함께 제출했습니다. 국정원은 유씨가 노트북으로 사진을 옮긴 뒤 이를 삭제했는데, 디지털 포렌식을 통해 삭제한 사진을 복구했다고 밝혔습니다.

변호인단은 증거의 신빙성을 의심하여 별도로 디지털 포렌식을 수행했습니다. 디지털 포렌식 전문가인 김인성 M포렌식 대표(당시 한양대 교수)는 GPS가 내장된 스마트폰으로 찍은 사진에는 위치정보가 기록되어 있다는 것에 주목하여 사진 내부 정보를 분석했습니다. 그 결과 국정원이 제출한 사진은 북한에서 찍은 사진이 아니라 모두 중국 연변에서 찍은 것으로 확인되었습니다. 더욱이 국정원이 증거를 은폐한 정황도 발견되었습니다. 유씨가 친구들과 연변의 노래방에서 찍은 사진도 함께 복구되었는데, 사진을 찍은 날짜가 국정원이 주장한 바에 따르면 유씨가 북한에 있었어야 할 1월 23일이었던 것입니다. 또한, 1월 23일에 유씨가 중국에서 통화한 통화 내역까지 나오면서 국정원이 제출한 증거는 무효가 되었습니다. 왜 이러한 중요한 증거를 놓쳤는지 변호인단이 법정에서 물었고, 국정원 포렌식팀은 실수로 발견하지 못했다고 답했다고 합니다. 그러나 김인성 대표는 똑같은 디지털 포렌식 프로그램(인케이스)을 가지고 포렌식 작업을 진행했기 때문에 투입 인력으로나 경험으로나 민간 전문가보다 우월한 국정원이 이를 찾아내지 못한 것은 논리적으로 말이 되지 않는다고 지적했습니다. 노래방 사진이 공소장에 기재된 사실과 모순되었기 때문에 미리 기획된 수사 방향에 맞추어 일부러 제외한 것이 오히려 현실적이라는 것입니다.[149]

1심에서 국정원이 유씨가 북한에 있었다고 한 기간에 유씨가 중국에 머물렀던 것이 증명되자 검찰은 "2012년 1월 23일 밤부터 1월 25일 오전 사이에는 유씨의 통화기록 자체가 나오지 않으니 이때 북한에 있었다."라며 오히려 공소장을 변경합니다. 그러나 공소장 변경에도 1심이 국가보안법 혐의에 대해 무죄를 선고하면서 공안기관의 1차 간첩 조작 시도는 좌절됩니다.

> **디지털 포렌식이란? (발췌: 위키백과)**
> 디지털 포렌식 (Digital Forensic Science, 디지털 법과학)은 컴퓨터 범죄와 관련하여 디지털 장치에서 발견되는 자료를 복구하고 조사하는 법과학이 한 분야이다. 디지털 포렌식이라는 용어는 원래 컴퓨터 포렌식의 동의어로 사용되었지만, 디지털 데이터를 저장할 수 있는 모든 장치에 대한 조사를 포함하여 확장되었다.

---

149 김인성(2015), 『IT가 구한 세상』, 홀로깨달음.

3. 국정원과 검찰의 공문서 증거 조작 시도

1심에서 유씨의 국가보안법 혐의에 무죄가 선고된 뒤, 검찰은 이에 불복하고 항소합니다. 검찰은 항소하며 국가보안법위반 증거로 '출입경기록'을 새롭게 제출합니다. 유씨는 2004년에 남한으로 탈북한 이후 어머니 장례를 치르기 위해 2006년 5월 23일부터 5월 27일까지 북한에 간적이 있었습니다. 검찰은 이때 유씨가 북한 국가안전보위부에 잡혀서 이중간첩으로 활동을 시작했다고 주장했습니다.[150] 검찰은 중국 화룡시 공안국에서 발급받았다고 하는 출입경기록을 제시했는데, 이 기록에 따르면 유씨가 2006년 5월 27일 북한에서 중국으로 들어왔다(입경)가, 당일 다시 북한으로 나간 뒤에(출경), 6월 10일에 최종적으로 중국으로 들어왔다(입경)고 되어 있었습니다. 즉, 어머니 장례를 마친 뒤인 5월 27일 이후로는 북한에 간 적이 없다는 유씨의 주장이 거짓이며, 이는 국가보안법 위반이라는 것이 검찰 주장의 요지였습니다.

유씨는 자신의 결백을 증명하기 위해 중국 연변 조선족자치주 공안국으로부터 출입경기록을 직접 발급받았습니다. 유씨와 변호인단이 입수한 기록에는 북한에서 중국으로 들어온 것(입경)만 3번 한 것으로 나와 있었습니다. 이는 중국 출입경기록에서 빈번하게 나타나는 오류로, 당시 동행했던 친척들의 출입경기록에도 동일한 오류가 발생했던 것으로 확인되었습니다. 결론적으로 유씨의 말대로 5월 27일 이후로 유씨가 북한으로 다시 들어간 적이 없다는 것이 중국의 공식 기록이었고, 검찰이 제출한 자료가 거짓이었던 것입니다. 변호인단은 검찰이 제출한 출입경기록이

150 프레시안(2014. 1. 7.), "서울시 공무원 간첩 사건, 검찰·국정원의 조작"

연변 조선족자치주 공안국으로부터 공식적으로 발급받은 기록과 비교하여 형식과 도장직인 방식이 다르다는 것을 발견했습니다.[151] 이에 중국 현지 변호사를 통해 화룡시 공안국에 사실 관계 확인을 요청했고 그 결과는 검찰이 제출한 출입경기록이 조작되었다는 것이었습니다. 변호인단은 기자회견을 통해 "화룡시 공안국은 출입경기록에 대한 공식발급기관이 아니고, 공민의 출입경기록은 상급기관인 연변 조선족자치주 공안국에서 일괄관리하고 있으며, 실제 중국 화룡시 공안국에서는 이 같은 (검찰 측이 제출한) 출입경기록 공문을 발급해준 사실이 없다."라는 화룡시 공안국의 답변을 공개합니다.[152]

또한, 검찰이 출입경기록을 제출할 때 해당 기록이 화룡시 공안국에서 발행한 진본임을 확인하는 공증도 함께 제출했는데, 이 공증도 중국의 관계 기관이 아닌 한국의 중국 영사관에서 발행했다는 것이 드러납니다. 즉, 유씨를 유죄로 만들어야 했던 누군가가 출입경기록은 물론 이를 뒷받침하기 위한 외국 공문서까지 조작한 것입니다. 점입가경으로 변호인단이 이러한 조작 상황을 설명하기 위해 중국으로부터 확인받은 정황설명서를 법원에 제출했는데 검찰은 또 반박 자료로 중국 삼합변방검사참의 답변서를 공수하여 제출합니다. 결국, 중국 영사관이 검찰 측이 제출한 출입경기록, 공증 그리고 답변서 3건 모두 위조인 것을 확인하고, 자국 문서 위조범을 잡기 위해 유씨 사건 재판부에 협조를 요청하는 상황에까지 이르게 됩니다.[153]

이처럼 조작 정황이 여실한데도 검찰은 증거로 제출했던 3건의 문서만을 철회하고 공소를 계속 강행하는 무리수를 단행합니다. 그러나 이때 검

151 노컷뉴스(2014. 02. 16.), "檢, 간첩증거 공증도 기본형식 못 갖춰 … 위조 논란 확산"
152 경향신문(2015. 01. 07.), "국정원은 가짜 간첩을 만들어냈나 … 서울시 공무원 간첩조작 의혹"
153 노컷뉴스(2014. 02. 15.), "희대의 '서울시 간첩조작 사건' 폭탄 돌리기"

찰 측 주장의 거의 유일한 증거는 유가려 씨의 진술밖에 없는 상황이었습니다. 항소심(2014년 4월 선고)과 이어진 최종심(2015년 10월 선고)은 객관적 사실로 전혀 뒷받침되지 않은 이 진술에 증거능력이 없다고 판단했습니다. 결국, 유씨의 국가보안법 위반 혐의가 무죄로 선고되었고, 국정원과 검찰의 간첩 조작 시도는 최종적으로 좌절됩니다.

〈표 11〉 중국 정부가 유씨와 검찰 측
각각이 제출한 자료에 대해 사실 조회 후 회신한 공문

서울고등법원:

중화인민공화국주대한민국 영사부는 서울고등법원에 경의를 표하며, 귀 법원으로부터 송달된 사건번호 ××××국가보안법 위반(간첩) 등의 사실조회서를 통해 요청하신 서류의 진위 여부에 대해 아래와 같이 회신하여 드리는 바입니다.

1. 중국의 관련기관을 통해 조사한 바에 따르면, 유가강(유우성의 중국 이름)의 변호인이 제출한 연변조선족자치주 공안국에서 발급된 《출입국경기록조회결과》와 삼합변방검사창에서 발급된 《정황설명서》의 내용은 모두 사실이며, 이 두 문서는 합법적인 정식 서류입니다. 검사 측에서 제출한 화룡시 공안국의 《출입경기록조회결과》와 삼합변방검사창의 《유가강의 출입경기록〈정황설명서〉에 대한 회신》 및 화룡시 공안국이 심양 주재 대한민국총영사관에 발송한 공문 등 3건의 문서는 모두 위조된 것입니다.

2. 한국 검찰 측이 제출한 위조공문은 중국 기관의 공문과 도장을 위조한 형사범죄 혐의를 받게 되며, 이에 대해 중국은 법에 따라 조사를 진행할 것입니다. 범죄 피의자에 대한 형사 책임을 규명하고자 하오니, 위조 문서의 상세한 출처를 본 부에 제공해주실 것을 협조 부탁드립니다.

다시 한번 숭고한 경의를 표하는 바입니다.

중화인민공화국주대한민국대사관영사부

2014년 2월 13일

출처: 노컷뉴스(2014. 02. 15.), "희대의 '서울시 간첩조작 사건' 폭탄 돌리기"

4. 좌절된 조작 사건 진실규명

　　　　수사기관의 증거 조작 의혹으로 인해 유씨가 간첩으로 몰렸다는 사실이 크게 공론화되자, 조작에 대한 진실규명이 시급한 과제로 떠오르게 되었습니다. 특히 2014년 2월 중국으로부터 검찰 측 증거 문서 3건이 모두 위조된 것이고, 중국 정부로부터 문서 위조범을 검거하기 위한 협조 요청까지 받으면서 외교 문제로까지 번지게 되었습니다.

　그러나 외교부, 법무부, 검찰과 국정원 등 정부 관계부처와 기관은 모두 소위 폭탄 돌리기를 하면서 혼란만 부추기는 모양새였습니다. 대검찰청은 중국에서 언급한 '위조'란 말이 '내용이 안 맞는다는 것인지, 내용은 맞는데 발급 절차가 위조됐다는 것인지' 등 복합적인 의미를 가질 수 있다고 주장하며 확인이 필요하다고 언급합니다. 결국, 대검찰청은 주한중국대사관으로부터 위조의 뜻에 이의가 있으면 사전 정의를 찾아보라는 핀잔에 가까운 이야기를 듣습니다.[154] 위조된 3개 문서의 입수 경로에 대해서도 외교부와 법무부가 서로 다른 말을 내놓기도 했습니다. 당시 황교안 법무부 장관은 3개 문서 모두 외교부를 통해 정식으로 중국으로부터 받았다고 국회에서 밝혔습니다. 그러나 당시 윤병세 외교부 장관은 대검찰청 요청에 따라 주선양총영사관에서 입수한 문서는 화룽시 공안국에서 발급한 '발급 사실 확인서' 1건뿐이라고 말했습니다. 두 부처 간 말이 맞지 않아 논란이 일자 그제야 황 전 장관은 출입경기록과 정황설명서에 대한 회신 등 2개 문서는 국정원을 통해 입수했다고 해명했습니다.[155]

　한편 2014년 1월 유씨와 유씨의 변호인단은 수사기관을 국가보안법상

---

154 JTBC(2014. 02. 20.), "간첩조작 논란, 중국 "위조 의미는 사전 뜻 그대로""
155 뉴스1(2014. 02. 19.), "서울시 간첩사건 증거위조 의혹을 둘러싼 정부 내 혼선 증폭"

무고·날조 혐의로 고소했습니다. 유씨를 옥죄었던 국가보안법이 이제는 반대로 국정원과 검찰 등의 기관을 향하게 된 것입니다. 황교안 전 장관의 저서 『국가보안법 해설』에는 "위조한 증거를 사용하고, 미필적 고의(未必的故意)만 있어도 국가보안법상 날조죄에 해당한다."라고 제시합니다.[156]

국가보안법 제12조(무고, 날조)
① 타인으로 하여금 형사처분을 받게 할 목적으로 이 법의 죄에 대하여 무고 또는 위증을 하거나 증거를 날조·인멸·은닉한 자는 그 각 조에 정한 형에 처한다.
② 범죄수사 또는 정보의 직무에 종사하는 공무원이나 이를 보조하는 자 또는 이를 지휘하는 자가 직권을 남용하여 제1항의 행위를 한 때에도 제1항의 형과 같다. 다만, 그 법정형의 최저가 2년 미만일 때에는 이를 2년으로 한다.

2014년 2월 서울중앙지검 진상조사팀이 증거 조작과 관련해서 조사에 착수했지만, 국정원은 같은 달 조작이나 위조가 없었다는 자체 진상조사 결과 보고서를 조사팀에 제출합니다. 이에 천주교 인권위원회는 문서 조작 의혹을 받는 국가정보원 직원과 검사들을 검찰에 고발했습니다. 조사 활동만 한다며 시간을 보내면서 빈축을 사고 있던 검찰에게 집중적인 수사 착수를 요구한 것입니다. 하지만 검찰이 같은 해 4월에 발표한 수사 결과는 제 식구 감싸기라는 비판을 피할 수 없었습니다. 두 달 가까이 진행된 수사의 발표문은 A4용지 3장 반 분량에 불과했습니다. 사법 처리도 국가보안법 제12조 적용 없이, 국정원 대공수사국 소속 김모 과장과 국정원 협력자 이 모 씨를 중국-북한 출입경기록 관련 문서를 위조한 혐의로만 구속기소하고, 국정원 대공수사처장 이 모 씨와 선양 영사 이 모 씨를 불구속으로 기소하는 데 그쳤습니다. 국정원 지휘부 차원의 조직적인 범죄

---

156 황교안(1998), 『국가보안법 해설』, 집영출판사

가 아니라는 것을 주장하며 꼬리를 잘랐다는 지적이 이어졌습니다.[157]

　무엇보다 검찰 수사팀은 유씨에 대한 수사와 재판에 관여한 검사 2명은 혐의가 없다는 결론을 내림으로써 큰 비판을 받았습니다. 두 검사는 다음 달인 5월에 중징계 중 가장 낮은 단계인 1개월 정직 처분만 받았을 뿐입니다.[158] 그 사이에 전 국민이 나섰던 촛불시위로 2017년 새로운 정부가 출범했습니다. 변화에 기대를 걸고 유씨는 2019년 2월에 당시 수사 검사들이 국정원이 증거를 조작해 자신을 간첩으로 몰아가는 과정을 알았다며 국가보안법 위반(무고·날조 등), 허위공문서작성, 허위작성공문서행사 등으로 처벌해달라고 고소했습니다. 그러나 2020년 6월 검찰은 이번에도 무혐의로 결론을 냈습니다.[159] 또한, 박지원 원장이 취임한 국정원이 간첩조작 관행을 뿌리 뽑는다며 시작한 탈북자 간첩사건 전수조사도 "조사 과정에서 조사관들이 규정이나 절차를 위반한 사례는 없었다."라고 결론을 내립니다.[160] 유씨에게는 국가보안법이 아래로만 향할 뿐 위로는 향하지 않는다는 것을 다시 한번 절감하는 순간이었을지도 모릅니다.

157 동아일보(2014.04.15.), "'전자결재 클릭만' 윗선 발뺌 그대로 수용"
158 한겨레신문(2014.05.01.), "'가짜증거' 낸 검사들 겨우 정직 1개월"
159 뉴스1(2020.06.01.), "검찰 '서울시 간첩조작 사건' 수사 김사들 불기소처분"
160 뉴스타파(2021.05.28.), "국정원, 탈북자 간첩사건 조사 후 '규정 위반 없었다.' 결론"

5. 과학기술은 바르게 사용될 때 진실을 밝힌다

소위 서울시 공무원 간첩 조작사건은 국가 공안기관이 진실을 외면하고 거짓을 강요한 대표적인 사례로 남을 것입니다. 수사기관이 자행했던 거짓을 막을 수 있었던 작지만 중요했던 출발점은 바로 디지털 증거 분석을 통해서 얻었던 과학적 사실이었습니다. 또한, 그러한 사실에 기초해서 끈질기게 진실을 찾고자 했던 사람들이 있었기에 국정원과 검찰이 시도한 어설픈 간첩 조작을 막을 수 있었습니다. 과학적 사실과 함께 이를 지키려는 사람들이 있을 때 진실에 다가설 수 있다는 점에서 이 사건은 우리에게 많은 것을 시사하고 있습니다.

〈표 11〉「서울시 공무원 간첩 조작 사건」의 주요 경과

- 2013. 1. 11. 국가정보원, 유우성 씨 국가보안법 위반 혐의로 체포.
- 2013. 7. 5. 검찰, 유씨에 대해 징역 7년·자격정지 7년 구형.
- 2013. 8. 22. 1심 재판부, 유씨 '국보법 혐의'는 무죄·남북교류협력법 위반 등 혐의에 징역 1년에 집행유예 2년 선고. 유씨 석방.
- 2014. 2. 14. 민변, 검찰 재판부에 제출한 '허룽시 공안국 출입경기록' 등 3개 문건 모두 위조됐다는 중국대사관 영사부 회신 공개.
- 2014. 2. 18. 검찰, 서울중앙지검에 증거조작 의혹 관련 진상조사팀 구성.
- 2014. 2. 25. 국정원, 조사팀에 자체 진상조사 결과 보고서 제출. "조작·위조 없었다." 주장.
- 2014. 3. 7. 검찰, 증거 위조 의혹 공식 수사로 전환.
- 2014. 3. 27. 검찰, 조작 문서 3건 등 증거 철회.
- 2014. 3. 31. 검찰, 국정원 김 과장·조선족 협조자 김씨 구속기소. 모죄증거위조, 모해위조증거사용 등 혐의 적용.
- 2014. 4. 14. 증거조작 수사팀, 최종 수사 결과 발표. 이모 국정원 대공수사처장, 이인철 영사 불구속 기소. 권 과장 병원 치료 종료 시까지 시한부 기소중지. 남재준 국정원장과 검사 2명은 불기소 처분.
- 2014. 4. 15. 남재준 국정원장 대국민 사과.

- 2014. 4. 25. 유씨 사건 항소심 재판부, 유씨 국보법 위반 혐의는 무죄·나머지 혐의에 징역 1년에 집행유예 2년 선고.
- 2014. 8. 1. 법무부, '증거조작' 공판관여 검사 2명 정직 처분.
- 2014. 10. 28. '증거조작' 1심 재판부, 김 과장 징역 2년 6개월, 이 처장 징역 1년 6개월, 권 과장 징역 1년 6월에 집행유예 2년, 이인철 영사 징역 1년에 집행유예 2년 선고.
- 2015. 7. 16. '증거조작' 항소심 재판부, 김 과장·국정원 협조자 2명만 징역 4년·징역 2년·징역 1년 6개월으로 형 가중. '지휘라인'이 처장 벌금 1,000만 원, 권 과장·이인철 영사는 선고유예로 각각 감형.
- 2015. 9. 18. 법원, 유씨 변호인 접견 거부한 국정원에 1,000만 원 배상책임 인정
- 2015. 10. 29. 대법원, 유씨 간첩 혐의 최종 '무죄' 결론. 북한이탈주민보호법 위반 혐의 등만 유죄로 판단해 징역 1년에 집행유예 2년. 대법원, '증거조작' 사건 김 과장 징역 4년 실형, 이 처장 벌금 1,000만 원, 권 과장·이인철 영사 선고유예 확정.

부록 1

—

공공을위한과학기술인포럼(FOSEP) 논평 모음

[논평] 천안함 사건의 '과학적' 진실규명은 아직 끝나지 않았다
(2020년 4월 21일)

지난 3월 27일 '서해수호의 날' 기념식에 참석한 문재인 대통령은 한 유가족으로부터 "천안함 사건은 누구의 소행인가?"라는 질문을 받고, "북한 소행이라는 게 정부의 공식 입장이고, 정부 공식 입장에는 조금도 변함이 없다."라고 답을 하였다. '천안함은 북의 소행'이라는 이명박 정부에서 내린 결론이, 이후 박근혜 정부를 거쳐 지금의 문재인 정부에 이르러서도 변함없음을 분명하게 밝힌 셈이다. 하지만, 천안함 사건에 대해서는 당시에도 '과학적 논쟁'이 있었고, 지금까지도 명쾌하게 해결되지 않은 채 남아 있다. 이에 '공공을위한과학기술인포럼(FOSEP)'에서는 지난 10년간 해결되지 않은 채 남아 있는 과학적 논쟁 몇 가지를 짚어보고자 한다.

■ 천안함 사건 개요

천안함 사건은 지난 2010년 3월 26일 오후 9시 30분경, 대한민국 백령도 남서쪽 약 1km 지점에서 초계함 PCC-772가 훈련 도중 선체가 반파되며 침몰하여 해군 46명이 전사한 사건을 말한다. 당시 구조를 돕던 쌍끌이 어선 진양호가 베트남 선적의 배와 충돌하여 침몰하면서 탑승자 7명 전원이 사망했으며, 구조에 나섰던 해군 UDT 대원인 한주호 준위가 사망하는 등 관련 피해자들도 있었다.

당시 이명박 정부는 침몰 원인에 대해 민군 합동조사단(이하, 합조단)을 꾸려 조사를 했는데, 약 2개월 후인 5월 20일, 합조단은 천안함이 가스터빈실 좌현 하단부에서 '음향자장복합감응어뢰'의 강력한 수중폭발에 의해 선체가 절단되어 침몰하였다고 발표하였다. 합조단은 침몰 해역에서 어뢰로 확증할 수 있는 결정적 증거물로 어뢰의 추진 동력부인 프로펠러를 포함한 추진 모터와 조종장치 등을 수거하였고, 추진동력부 뒷부분 안쪽에 '1번'이라는 한글표기가 되어 있어 북한의 어뢰라는 결론을 내렸다.

■ '1번' 글씨는 왜 폭발에도 지워지지 않았을까?

합조단의 '1번' 어뢰 증거와 관련하여 당시에도 논란이 있었다. 어뢰 폭발과 같은 고열의 충격이 있었다면 어떻게 유성펜으로 쓰인 '1번' 글씨가 타지 않고 남아 있었는지에 대한 의문이 제기된 것이다. 이와 관련해서 송태호 교수(KAIST 기계공학과)는 열역학 이론을 바탕으로 폭발 시 고열이 불과 0.1초 만에 28℃로 냉각된다는 연구결과를 발표하였고, 이는 합조단에서도 논거로 인용되었다. 반면 이승헌 교수(버지니아대 물리학과)는 그 결과는 이상기체(ideal gas)와 가역 반응이라는 두 가지 전제조건에서만 가능한 것으로, 실제로는 이상기체도 아닐뿐더러 폭발은 비가역적 반응이므로 적용할 수 없다고 반박하였다. 또한, 당시 합조단 민간위원으로 활동했던 신상철 서프라이즈 대표는 '1번' 글씨가 녹슨 어뢰 자국 위에 쓰여 있는 것으로 보아 바다에서 건진 후에 쓰인 것이라고 주장하였다. 이처럼 합조단은 '1번' 어뢰를 결정적 증거로 제시했으나, 이에 대한 과학적 논쟁은 해결되지 않았다.

■ 결정적 단서라는 어뢰에 묻은 '하얀색 흡착물'의 정체는 무엇인가?

또한, 어뢰에는 하얀색 흡착물이 붙어 있었다. 합조단은 흰색 흡착물질의 성분에 대해 '비결정성 알루미늄 산화물'로써 이는 폭발이 있었음을 보여주는 결정적인 증거라고 주장하였다. 하지만, 한국기자협회와 한국 PD연합회 및 전국언론노동조합으로 이뤄진 '언론 3단체 천안함 검증위'로부터 시료를 전달받아 분석한 양판석 박사(캐나다 매니토바대)는 "흡착물질은 '비결정질 바스알루미나이트'로, 상온 또는 저온에서 생성되는 수산화물이므로 폭발과 무관하다."라는 주장을 펼쳤다. 정기영 교수(안동대학교 지구환경과학과) 역시 <한겨레21>과 한국방송(KBS) <추적60분>의 의뢰를 받고 같은 물질을 분석한 결과, 흡착물질은 '비결정질 알루미늄황산염수화물'이라는 양판석 박사와 거의 같은 결론을 제시하였다. 흰색 흡착물질은 폭발에 의한 생성물이라는 합조단 주장과 달리, 비결정질 바스알루미나이트 또는 알루미늄황산염수화물이라는 두 분석 결과는 흡착물질이 바닷물에 의해 오랫동안 부식된 결과임을 의미한다. 따라서 흰색 흡착물질의 정체에 대해서도 과학적 논쟁의 여지는 남아 있다.

■ 천안함 함미 우측의 스크루는 왜 휘어졌는가?

바다에서 건져 올린 천안함 함미를 보면, 우측 스크루가 휘어져 있어 당시 그 원인에 대해서도 논란이 있었다. 노인식 교수(충남대 조선해양학과)는 시뮬레이션을 통해 회전하는 프로펠러가 급정지할 경우 관성에 의해 그와 같이 휘어질 수 있다는 주장을 펼쳤다. 하지만, 시뮬레이션에서 프로펠러가 회전한 방향은 실제 천안함 프로펠러가 회전한 방향과 반대이므로, 이 주장 자체가 성립되기 어렵다. 한편, 이종인 알파잠수기술공사 대표는 시계방향으로 회전하는 프로펠러가 바위나 모래 바닥과 같은 뭔가 딱딱한 물질에 부딪히며 휘어졌을 것이라는 주장을 펼쳤다.

■ 천안함 재판은 아직도 진행 중

2010년 5월 국방부는 신상철 대표(前 합조단 민간위원)를 허위사실 유포에 의한 명예훼손 혐의로 검찰에 고소했다. 이후 이례적으로 6년 동안이나 진행된 1심 재판 결과, 신상철 대표는 '천안함 좌초설'에 대해서는 무죄를, '구조지연'에 대해서는 징역 8개월에 집행유예 2년을 선고받았다. 최초 고소 이후 10년이라는 시간이 흘렀음에도 불구하고, 아직까지 항소심(2심) 재판이 이어지고 있다. 어뢰의 '1번' 글씨, 어뢰의 '하얀색 흡착물', 천안함 함미 우측 스크루 등 합조단이 제시한 천안함 침몰 원인을 둘러싼 과학적 논란도 명쾌하게 해결되지 않은 채 지금까지 남아 있다. 천안함 사건이 발생한 지 10년이 지난 지금, 늦었지만 지금이라도 천안함 사건과 관련된 과학적 검증과 재조사가 필요하다.

[논평] KAL 858기 실종사건에 대한 재조사가 필요하다 (2020년 7월 22일)

■ KAL 858기 실종사건 개요

1987년 11월 29일 이라크 바그다드에서 출발하여 아랍에미리트(UAE) 아부다비 공항을 거쳐 서울로 향하던 대한항공 858편(이하 KAL 858기)이 미얀마 안다만 해역 상공에서 랑군 관제소와 최후 교신을 한 후 실종되었다는 충격적인 뉴스가 전국을 뒤덮었다. 당시는 전두환 군사독재정권의 임기 막바지였고, 6월 민중항쟁의 성과물인 대통령 직접선거를 코앞에 둔 상황이었다.

사건 발생 직후 미얀마 현지에 조사단을 급파한 관계 당국은 공중 폭파 가능성을 제기하였다. 구체적으로 사건 발생 이틀이 지난 12월 1일 바그다드에서 탑승했다 경유지인 아부다비 공항에서 내린 남성 1명과 여성 1명을 용의자로 검거했으나, 모두 음독자살을 기도하여 남성은 중태라고 발표하였다. 정부는 12월 7일, 북한이 1988년에 열릴 서울올림픽 개최 방해를 목적으로 KAL 858기를 폭파한 것이며, 용의자로 음독자살에 실패한 일본인 '하치야 마유미(이하 김현희)'의 신병을 확보했다고 발표하였다. 그리고 대선 하루 전날인 12월 15일, 용의자인 김현희는 한국으로 압송되었다.

12월 16일 대통령 선거 결과 전두환 정권과 한패였던 노태우가 당선되었고, 이후 KAL 858기 사건은 국가안전기획부(안기부, 현 국가정보원)가 조사를 주관하게 된다. 건설교통부는 12월 19일, 폭파로 인해 유해와 유품도 찾지 못한 채 결국 KAL 858기 탑승객 115명 전원이 사망했다고 공식 발표하였다.

그리고 이듬해인 1988년 1월 15일 KAL 858기 폭파범 김현희가 기자회견을 통해, 본인은 북한 공작원 출신으로 김일성의 지령에 따라 라디오 시한폭탄과 액체폭발물을 이용해 KAL 858기를 폭파했다고 밝혔다. 이후 김현희는 1990년 3월 27일 대법원 판결을 통해 살인죄, 항공기폭파치사죄, 국가보안법위반 등이 적용되어 사형이 확정되었지만, 4월 12일 곧바로 특별 사면되어 석방되었다.

■ 최근 KAL 858기 추정 동체 발견으로 다시 떠오르는 의문점

관계 당국은 KAL 858기 실종사건 발생부터 폭파라는 결론 도출, 폭파 용의자 검거, 김현희 사형 선고 및 특별사면까지 일사천리로 사건을 수습하였지만, 당시 사고 원인에 대한 과학적 분석 및 근거 제시는 충분치 못하였고, 사고에 대한 여러 의문점도 제기되었다. 2020년 1월 4일 대구 MBC 특별취재팀이 미얀마 안다만 해저에서 KAL 858기로 추정되는 동체를 수중에서 촬영하고 보도하면서, KAL 858기 실종사건이 다시 부각되었고 사고 원인에 대한 의문점도 다시 제기되었다.

당시 김현희는 여행자 휴대용품으로 위장한 라디오 시한폭탄(C-4, 350g)과 술로 가장한 액체폭발물(PLX, 700cc)이 폭발수단이라고 자백했다. 그러나 김현희는 여행객으로 위장했기 때문에 여행자 휴대용품 소지에 제한이 있었으므로 관련 물품 반입이 어려웠을 것이라는 의문이 제기되었다. 또한, 라디오 시한폭탄과 술로 가장한 액체폭발물 정도로는 비행기를 폭파할 만한 파괴력이 나오기 어렵다는 주장도 제기되었다. 당시 관계 당국은 공중에서 폭발했기 때문에 KAL 858기 잔해와 희생자들의 유해 및 유품을 찾지 못하였다고 발표했다. 그러나 2020년 대구 MBC 특별취재팀은 미얀마 해역에서 KAL 858기로 추정되는 동체를 발견하였다. 공중에서 폭발했다면 엔진까지 포함하여 동체가 고스란히 남아 있는 것은 과학적으로 불가능하므로, 당시 관계 당국의 발표는 진실이 아닐 가능성이 크다.

■ KAL 858기 실종사건에 대한 재조사 필요

KAL 858기 실종사건은 전두환 군사독재 정권이 민중의 저항으로 위기에 직면한 시기, 구체적으로 13대 대통령 직선제가 치러지기 불과 보름 전에 발생하였다. 그리고 안기부는 대선 하루 전인 12월 15일 오후 김현희를 김포공항으로 압송하면서 이 사건을 정치적으로 적극 활용하였다. 그 결과 노태우가 대통령에 당선되어 군사독재 정권은 연장되었고, 이후 안기부가 조사를 주관해 '북한 공작원 김현희 소행의 공중폭파'로 부실한 결론을 내렸다. 이로써 KAL 858기 사고 원인에 대한 과학적 의문 해소와 실체적 진실 규명은 더 이상 진행되지 못하게 되었다.

그러나 KAL 858기 사건에 대한 진실 규명 싸움은 여전히 진행 중이다. 'KAL기 가족회'와 'KAL기사건진상규명대책위'는 사건의 진실을 밝히기 위해 끈질기게 싸우고 있다. 유가족들의 노력으로 참여정부 시기 '국정원 과거사건 진실규명을 통한 발전위원회'가 KAL 858기 사건에 관해 조사했으나, 이 사건은 안기부가 조작한 것이 아니라면서 군사독재 정권 시절 조사 결과 발표내용에서 한 걸음도 더 나아가지 못했다.

이렇게 다시 묻힐 뻔한 KAL 858기 사건은 동체로 추정되는 물체가 발견되면서 진상규명을 위한 새로운 전환점을 맞이하고 있다. KAL 858기 사고 원인에 대한 과학적 의문 해소와 실체적 진실 규명에 다가갈 수 있는 유력한 증거가 발견된 것이다. 문재인 정부는 국민들 앞에 약속한 바대로 KAL 858기로 추정되는 동체를 조속히 인양하고, 이를 토대로 KAL 858기 사고 원인에 대한 객관적이고 과학적인 조사를 진행해야 할 것이다. KAL 858기 실종사건 재조사는 115명의 희생자와 30년 넘는 세월 동안 가슴에 응어리진 한을 안고 살아오신 유가족들을 위해 국가가 마땅히 해야 할 책임과 의무다.

[논평] 정부는 KAL 858기 동체 추정 물체 인양에 적극 나서라 (2020년 9월 14일)

공공을위한과학기술인포럼(이하 FOSEP)은 7월 22일자 논평(「KAL 858기 실종사건에 대한 재조사가 필요하다」)에서 1987년 11월 발생한 대한항공 858편(이하, KAL 858기) 실종사건과 관련해, '정부는 미얀마 인근 해저에서 발견된 KAL 858기 동체 추정 물체를 즉각 인양하고 KAL

858기 실종사건의 실체적 진실을 규명하기 위한 재조사에 나서라고 주장한 바 있다. 2020년 1월 대구 MBC 취재팀이 미얀마 안다만 해저에서 KAL 858기로 추정되는 동체를 발견하여, 사고 원인에 대한 과학적 의문 해소와 사건의 실체적 진실 규명을 위한 전환점이 마련되었기 때문이다.

2020년 5월 언론보도에 의하면 문재인 대통령이 정부 차원에서 KAL 858기 동체 추정 물체에 대한 현지 조사방안을 강구하라고 지시했고, 우리 정부와 미얀마 정부 간 협의도 진행 중인 것으로 확인되는 등 KAL 858기 동체 추정 물체 인양이 순조롭게 진행되는 것처럼 보였다. 하지만 동체 추정 물체 발견 이후 약 8개월이 지났고, 대통령 지시 이후 약 3개월이 지났지만, KAL 858기 동체 추정 물체 인양 및 현지 조사와 관련한 새로운 소식이 들려오지 않았다. 도대체 어떻게 된 일인가?

지난 8월 25일 국회 외교통일위원회 회의에서 그간 정황이 일부 공개되었다. 이날 강경화 외교부 장관의 발언에 따르면 KAL 858기 동체 추정 물체 수색 문제에 대해 미얀마 정부와 협의하고 있으나, 코로나 19와 미얀마 현지가 우기인 상황으로 정부 간 협의에 진전이 없다는 것이다. 강경화 장관은 국민의 바람이 있는 사안이라면 적극적으로 챙겨, 미얀마 정부와 협의해 조사가 이뤄지도록 하겠다고 밝혔다.

미얀마의 우기는 통상 5월에서 10월이라고 하며 6월에서 8월 사이에 강수량이 많다고 한다. 9월 들면 미얀마 우기가 끝나가는 시점으로 기상 상황은 좋아질 것이다. 코로나 19로 어려움이 있겠지만, 정부가 더욱 적극적으로 현장 조사와 인양에 나서 지난 30년간 풀지 못한 사건의 실체적 진실을 밝히기를 촉구한다. KAL 858기 실종사건 재조사는 사건의 실체적 진실을 알고자 하는 국민의 바람이 큰 사안인 동시에, 115명의 희생자와 30년 넘는 세월 동안 한을 안고 살아오신 유가족들을 위해 국가가 마땅히 해야 할 책임과 의무이기 때문이다.

[논평] 정부는 KAL 858기 추정 동체를 인양하고, KAL 858기 실종사건 재조사를 추진하라 (2021년 1월 30일)

공공을위한과학기술인포럼(이하 FOSEP)은 2020년 7월 논평(「KAL 858기 실종사건에 대한 재조사가 필요하다」)과 2020년 9월 논평(「정부는 KAL 858기 동체 추정 물체 인양에 적극 나서라」)에서 '정부는 미얀마 인근 해저에서 발견된 KAL 858기 동체 추정 물체를 즉각 인양하고 KAL 858기 실종사건의 실체적 진실을 규명하기 위한 재조사'에 나서라고 주장한 바 있다. 2020년 1월 대구 MBC 취재팀이 미얀마 안다만 해저에서 KAL 858기로 추정되는 동체를 발견해, 사고 원인에 대한 과학적 의문 해소와 사건의 실체적 진실을 규명할 단서를 찾았기 때문이다.

2020년 1월 대구 MBC 보도 이후 문재인 대통령이 KAL 858기 동체 추정 물체에 대한 현지 조사 방안을 강구하라고 지시하였지만, 1년이 지난 지금까지 현지 조사는 진행되지 않았다. 지난 8월에도 당시 강경화 외교부 장관이 국회 외교통일위원회 회의에서, 국민의 바람이 있는 사안이라면 적극적으로 챙겨 조사가 이루어지도록 하겠다고 하였지만, KAL 858기 동체 추정 물체에 대한 조사 소식은 들려오지 않았다. 올해 뒤늦게 정부는 KAL 858기 추정 동체 해양 수색에 필요한 예산 23억 원을 마련하여, 2월에 미얀마에서 수색 탐사를 진행하기로 결정했다고 한다.

과거 전두환·노태우 정부는 'KAL 858기 실종사건'에 대한 과학적 조사 없이 김현희 진술에 의존해 이 사건을 '북한 공작원에 의한 폭파 테러사 건'으로 서둘러 결론을 내리고 조사를 종결했다. 하지만 KAL 858기와 함께 실종된 탑승자의 가족들은 1987년 사건 발생 이후 지금까지 사건의 진실과 관련해 여전히 의문을 제기하고 있다.

노무현 정부 시기 「국정원 과거사건 진실규명을 통한 발전위원회」(이하 진실위)가 이 사건을 재조사했지만, 사건의 실체적 진실에 접근하지 못하였고, 유가족들의 의문도 해소하지 못하였다. 진실위는 이 사건의 진실을 확인하는데 가장 중요한 증인인 김현희를 조사하지 못하였고, 또한 '폭탄 테러로 인한 추락'이라 추정한 실종 원인을 검증할 증거인 KAL 858기 동체를 발견하지 못해 조사하지 못했기 때문이다.

"33년의 기다림, 지금 곧 찾으러 갑니다.", 2020년 11월 'KAL 858기 가족회'와 'KAL 858기 사건 진상규명위원회'가 진행한 '제33주기 KAL 858기 사건 희생자 추모식'의 부제가 말해주듯 유가족들은 미얀마 현지 수색을 통해 사건의 진실이 밝혀지기를 간절히 바라고 있다. 이제 사건의 실체적 진실을 밝혀줄 유력한 증거인 KAL 858기 동체 추정 물체가 발견된 만큼, 정부가 적극적으로 인양과 조사에 나서 지난 34년간 풀지 못한 사건의 실체적 진실을 밝히기를 촉구한다. 정부가 2월에 KAL 858기 추정 동체 탐사 계획을 밝힌 만큼, 진실을 바라는 국민들은 조사 진행을 엄중히 지켜볼 것이다.

[논평] CMIT/MIT 성분 가습기 살균제 제조-판매사에 대한
1심 무죄 판결을 비판한다(2021년 4월 5일)

■ 과학자들은 CMIT/MIT 성분 가습기 살균제 제조-판매사에 대한
무죄 판결을 비판

지난 1월 12일 CMIT/MIT 성분 가습기 살균제 제조-판매사에 대한
업무상 과실치사 관련 판결(서울중앙지방법원 2019고합142, 388(병합),
501(병합))이 있었다. 재판부는 CMIT/MIT 성분 가습기 살균제 사용이 폐
질환 및 천식 발생 등으로 이어진 인과관계가 인정되지 않기 때문에, 인과
관계를 전제로 하는 CMIT/MIT 성분 가습기 살균제 제조-판매사의 업무
상 과실치사 등에 대한 책임은 살펴볼 필요가 없고 따라서 무죄라고 판결
하였다.

이 판결에 대해 이번 재판에 증인으로 참석한 과학자들과 한국환경보
건학회 등의 전문가들은 강하게 비판하였다(한국환경보건학회, 2021. 1.
19., "가습기 살균제 CMIT/MIT 판결에 대한 한국환경보건학회의 성명서").

첫째, CMIT/MIT 성분 가습기 살균제를 사용한 피해자들이 실재로 존
재했지만, 재판부는 동물실험을 근거로만 문제의 제품 사용과 폐질환 발
생 간 인과성이 없다고 판단한 오류가 있다는 것이다. 가습기 살균제의 독
성을 인간에게 실험해 살펴보는 것은 윤리적으로 불가능하기 때문에, 대
안으로 동물실험이 수행될 수 있다. 가습기 살균제와 관련해서도 그간
독성영향을 살펴보기 위해 흡입노출, 기도점적 방식 등 다양한 동물실험
이 이뤄졌다. 하지만, 문제는 동물과 인간은 다른 종이기 때문에 동물실
험 결과를 사람에게 그대로 적용할 수 없다는 것이다. 이는 1950년대 후

반에서 1960년대 초반 입덧 치료제로 사용되었던 탈리도마이드에 의한 참사로 증명된 바 있다. 탈리도마이드는 동물실험에서는 어떠한 부작용도 발견되지 않았지만, 이를 복용한 다수의 임산부가 팔다리가 없거나 짧은 기형아를 출산하였다. 설사 그간 동물실험에서 CMIT/MIT 성분 가습기 살균제 사용과 폐질환 간 인과관계가 뚜렷이 나타나지 않았더라도, CMIT/MIT 성분 가습기 살균제가 인체에 무해하다는 증거가 될 수 없는 이유이다.

둘째, 동물실험에 의하더라도 CMIT/MIT가 호흡기 상부(상기도)에 질병을 일으킨 증거는 많고, 2020년 5월 동물실험에서 기도점적(기도에 성분을 떨어트리는 방식)을 통해 CMIT/MIT가 폐섬유화를 유발한다는 결과가 나왔지만, 재판부는 이를 인정하지 않았다는 것이다. 재판부는 연구진이 '흡입 노출 방식이 아닌 점적 투여 방식으로 실험조건을 변경해 가면서 이 사건 각 시험을 계속해서 진행'했는데, 이러한 방식은 '중립적인 결과를 도출하고자 하는 실험과는 달리 연구자의 편향이 개입될 여지'가 있다며 이를 증거로 채택하지 않았다. 그러나 CMIT/MIT 성분이 폐질환을 유발한다고 전제하는 것은 과학적 가설이며, 가설을 다양한 조건과 환경에서 검증하는 것이 실험이다. 재판부가 가설 검증의 실험 과정을 '연구자의 편향'으로 해석한 것은 과학적 방법론을 이해하지 못한 것이다.

셋째, 제조-판매사는 CMIT/MIT를 직접 흡입 가능한 가습기 살균제로 사용하면 인체 피해가 우려됨을 사전에 인지하였고, 그럼에도 불구하고 안전성 확인을 충분히 하지 않았다는 것이다. CMIT/MIT는 플라스틱, 페인트 등의 항균 첨가물로 사용되거나 기계를 닦는 데 사용되던 공업용 항균제로, 가정에서 사람의 흡입 가능성을 염두하고 만든 물질이 아니다.

특히 피부 및 안구 자극성이 심한 독성 화학물질로, 국립환경과학원도 2012년 9월 CMIT/MIT를 유독물로 지정고시한 바 있다. 이처럼 유독한 물질이기 때문에 직접 흡입 가능한 가습기 살균제로 제품을 개발하려면 그 안전성에 대한 충분한 검토가 필요하였다.

하지만 재판부는 CMIT/MIT와 가습기 피해질환 간 인과관계가 없기 때문에, 제조-판매사의 위법 책임은 더 살펴볼 필요가 없다고 판결하였다. 그렇다면 CMIT/MIT가 자극성 강한 물질임을 알면서 직접 흡입 가능한 제품을 만들고 판매한 제조-판매사에 책임이 전혀 없는 것인가? 제품의 독성, 위해성에 대한 불확실성을 인지하였음에도 안전성 확인을 다하지 않은 제조-판매사에 책임이 전혀 없는 것인가? 재판부는 CMIT/MIT 제조-판매사의 이러한 행위에 대한 시시비비를 따져야 했으나, CMIT/MIT와 가습기 피해질환 간 인과관계가 명확하지 않다는 이유로 그들에게 면죄부를 주었다.

■ 재판부는 인간 대상 실험이 불가능한 본질적 한계를 문제시

재판부는 이번 판결에서 '인과관계가 합리적인 의심의 여지 없이 입증될 것을 요구하는 형사재판'이라는 관점을 유지하였다. 이로부터 재판부는 CMIT/MIT가 인체에 미치는 직접적 인과관계를 밝히기를 요구하며, 과학과 연구가 인간 대상 실험을 할 수 없는 본질적 한계를 문제시했다.

유해물질이 인체에 미치는 직접적 인과관계를 '합리적인 의심의 여지 없이 입증'하는 것은, 유독물질을 사람에게 직접 투여하는 실험을 통해서만 가능할 것이다. 그러나 이는 불가능하다. 따라서 대안으로 연구자들은 역학연구와 동물실험연구를 통해 유독물질이 인체에 미치는 영향을 종합적으로 추론한다.

동물실험에서는 질병에 영향을 미칠 수 있는 다른 요인들을 통제하고, 오직 관심이 있는 유독물질의 독성만을 분석할 수 있다. 그러나 앞서 살펴본 것처럼, 동물과 인간은 다른 종이기 때문에 동물실험 결과를 사람에게 그대로 적용할 수 없다는 한계가 있다.

역학연구는 이미 특정한 물질에 노출된 사람들이 많은 경우(즉, '자연적 실험' 상황), 특정 질병이 발병한 사람들을 추적해 질병의 원인과 발병 경로 등을 찾아내는 방법이다. 그러나 역학연구는 동물실험과는 달리 특정 질병 발생에 영향을 미칠 수 있는 다른 요인들을 통제하기 어렵다는 점에서 한계가 있다.

이처럼 유독물질이 인체에 미치는 영향에 대한 역학조사나 동물실험은 한계가 있기 때문에, 과학자들은 인과관계를 설명하기 위해 수집된 여러 연구의 간접 증거들로부터 추론할 수밖에 없다.

■ 담배회사는 불확실성을 무기로 담배가 건강에 해롭다는 사실을 의심하게 하고 책임을 회피

유해물질 제조산업이 '유해물질이 건강에 미치는 악영향에 대한 과학적 증거를 흔들고 불확실성을 조장해 책임을 회피하는 전략'은 익히 잘 알려져 있다. 책『청부과학』(데이비드 마이클스 저)은 담배회사가 담배가 건강에 해롭다는 사실에 대해 '역학 및 실험 연구의 불확실성'을 근거로 의심을 퍼트리며 어떻게 책임을 회피하는지 자세히 설명하고 있다.

담배회사와 그들이 고용한 청부과학자들은 '모든 관련 연구를 문제 삼고, 모든 연구방법을 비판하고, 모든 결론을 논박함으로써 불확실성을 제조'했고, 이를 통해 '흡연자들이 폐암과 심장질환으로 사망할 위험성이 높다는 사실'과 "나아가 간접흡연이 비흡연자의 발병 위험을 증가시킨다." 라는 증거를 반박하고자 하였다. 하지만 그들이 반박하지 못한 증거는 '흡연 습관과 직간접적으로 연관된 질병으로 매일 죽어 나가는 수많은 희생자들의 명백한 숫자'였다.

■ CMIT/MIT 성분 가습기 살균제 사용 피해자들이 존재한다

이번 판결에서 CMIT/MIT 성분 가습기 살균제 제조사 변호인단은, 그간 담배회사가 취했던 전략처럼 '모든 관련 연구를 문제 삼고, 모든 연구방법을 비판하고, 모든 결론을 논박함으로써 불확실성을 제조'하는 전략을 취했다. 변호인단은 CMIT/MIT 성분 가습기 살균제 관련 개별 동물실험의 한계, 역학조사의 한계를 쟁점화하였다. 재판부는 변호인단의 전략에 호응하였다. 재판부는 동물실험, 역학조사의 의미와 한계를 종합하여 추론하기보다는, 동물실험, 역학조사가 본질적으로 가질 수밖에 없는 '불확실성'을 문제 삼으며 가습기 살균제 사용과 폐질환 발생 간 인과관계가 명확히 증명되지 않았다고 판단했다.

CMIT/MIT 성분 가습기 살균제 제조-판매사에 대한 업무상 과실치사 관련 판결은 검찰의 항소로 2심이 진행될 예정이다. 1신 재판부는 "추가 연구결과가 나오면 어떤 평가를 받게 될지 모르겠지만, 재판부로서는 현재까지의 증거를 바탕으로 판단할 수밖에 없었다."라며 이번 판결에 대한 소회를 언급했다고 한다.

하지만 1심 재판부의 판결은 CMIT/MIT 성분 가습기 살균제 제조-판매사의 잘못된 행위에 대한 시시비비를 판단한 것이 아니라, '역학 및 실험 연구의 불확실성'을 'CMIT/MIT와 폐질환 발생 간 인과성이 없다.'로 해석하고 이를 근거로 CMIT/MIT 성분 가습기 살균제 제조-판매사가 가습기 살균제 참사에 대한 책임이 없다는 면죄부를 준 것이다. 담배회사와 청부과학자들이 그랬던 것처럼, 1심 판결의 변호인단은 '역학 및 실험 연구의 불확실성'을 무기로 책임을 피하는 전략을 성공적으로 수행했고, 1심 재판부는 변호인단의 손을 들었다. 하지만 그들이 반박하지 못하는 증거는 CMIT/MIT 성분 가습기 살균제 사용 후 피해를 입은 피해자들의 존재이다. 2심 재판부는 1심 재판부의 잘못된 결론을 되풀이하지 않기를 바란다.

[논평] 군사망사고진상규명위원회의 '천안함 침몰 원인 재조사' 각하 결정에 대한 유감(2021년 4월 28일)

지난 4월 2일, 대통령 소속 군사망사고진상규명위원회(이하 규명위)가 긴급 임시회의를 열고 천안함 침몰 사건 원인을 재조사해달라는 진정에 대해 각하 결정을 내렸다. 규명위는 작년 12월 천안함 재조사 개시를 결정했는데, 이러한 사실이 3월 말 언론을 통해 알려지자 긴급회의를 열어 재조사 개시 결정을 뒤집은 것이다. 규명위에 천안함 재조사 진정서를 제출한 사람은 신상철 전 '천안함 민군 합동조사단(이하 합조단)' 조사위원으로, 규명위는 "진정인이 천안함 사고를 목격했거나 목격한 사람에게 그 사실을 직접 전해 들은 자에 해당한다고 볼 만한 사정이 보이지 않는다."라며 신 전 조사위원의 진정인 자격조건을 문제 삼아 재조사 개시 결정을 철회하였다.

적의 공격을 사전에 차단하는 역할을 하는 초계함인 천안함은 지난 2010년 3월 26일, 대한민국 백령도 남서쪽 약 1km 지점에서 훈련 도중 선체가 반파되며 침몰하였다. 탑승 장병 중 58명은 구조되었으나, 안타깝게도 46명의 희생자가 발생했다. 당시 이명박 정부는 침몰 원인에 대해 국내 및 해외 전문가들로 구성된 합조단을 꾸려 조사한 끝에 '북한 잠수함이 발사한 어뢰의 비접촉 수중폭발이 천안함 침몰의 원인'이라는 결과를 발표했다. 그리고 결정적 증거물로 서해에서 건져 올린 어뢰의 추진동력부인 프로펠러를 포함한 추진 모터와 조종장치 등을 제시했다. 어뢰 추진부 뒷부분 안쪽에 '1번'이라는 한글표기가 되어 있어 '북한의 어뢰'라는 결론을 내렸다고 밝혔다.

신상철 전 조사위원은 천안함 침몰 사건 초반부터 합조단이 제시한 '어뢰에 의한 폭발설'을 강하게 부정하고, 좌초와 충돌로 인한 침몰이라는 주장을 지속적으로 제기하였다. 신 전 조사위원은 자신의 주장과 그 근거를 인터넷 매체에 게시하였는데, 검찰은 2010년 이러한 글이 당시 국방장관과 해군참모총장 등 정부와 군 관계자의 명예를 훼손했다며 신 전 조사위원을 기소하였다. 2016년 1월 1심 재판부는 34개 기소항목 중 32항목은 무죄를 선고하였으나, 2개 항목 즉, '고의 구조 지연'과 '고의 증거 인멸'을 주장한 두 건의 '게시 글'은 비방목적이 인정된다며 징역 8개월에 집행유예 2년을 선고하였다.

  그러나 지난 2020년 10월 항소심(2심) 재판부는 공적 관심 사안인 천안함의 침몰 원인과 관련하여 신 전 조사위원이 자신의 의견을 제시한 것은 '그 진실을 밝힌다는 공공의 이익을 목적으로 하는 것'으로, "정부 발표와 다른 의견을 제시하는 것, 그 자체로 국방부장관, 합조단 위원 개인에 대한 사회적 평가를 저하한다고 보기 어렵고, 비방할 목적이 있었다고 단정하기도 어렵다."라고 밝히며 신상철 전 조사위원의 모든 혐의에 대해 '무죄'를 선고하였다. 현재 이 사건은 검찰이 대법원에 상고한 상황이다.

  다수 언론들은 이번 규명위의 천안함 재조사 개시 결정, 그리고 뒤이은 각하 결정에 대해 당시 합조단이 '천안함이 북한 잠수정의 어뢰 공격을 받아 침몰한 것'으로 결론 내렸음에도 불구하고, 천안함 침몰 원인에 대한 허위 주장으로 사회적 논란을 만들었다는 요지로 비판하였다. 공식 기구에 의해 일단락된 사안이기 때문에, 어떠한 문제 제기도 바람직하지 않고, 재조사도 필요하지 않다는 것이다. 그러나 "천안함이 북한의 어뢰 공격으로 인한 수중 비접촉폭발로 침몰하였다."라는 합조단의 최종결론과 그 근거에 대해서는 여전히 과학적 의문과 논쟁이 있는 상황이다. '수중 비접촉폭발'이라는 합조단 최종결론을 인정한 신 전 조사위원 명예훼손 관련 항소심(2심) 재판부조차 "합조단의 분석 결과 중 흡착물질, 스크루 휨 현상에 대한 부분은 과학적 사실로 그대로 채택하기 어렵다."라고 판단하였다.

  합조단은 어뢰 추진체에서 발견된 하얀색의 흡착물질이 '비결정성 알루미늄산화물'로 이는 폭발이 있었음을 보여주는 결정적인 증거라고 주장했지만, 재판부는 과학적 사실로 채택하지 않았다. 같은 시료를 전달받아 분석한 국내 및 해외의 다른 연구자들은 하얀색 흡착물질을 상온 또는 저온에서 생성되는 수산화물로 분석하였고 따라서 폭발과 무관하다는 결론을 제시하였다. 흰색 흡착물질이 폭발에 의한 생성물이라는 합조단 주장과 달리, 수산화물이라는 분석 결과는 흡착물질이 바닷물에 의해 오랫동안 부식된 결과임을 의미한다. 따라서 흰색 흡착물질의 정체에 대해서는 과학적 논쟁의 여지가 있다.

합조단 등은 천안함 함미 우측 스크루가 폭발로는 설명하기 어려운 형태인 S자로 휘어진 원인에 대해, 시뮬레이션을 통해 회전하는 프로펠러가 급정지할 경우 관성에 의해 그와 같이 휘어질 수 있다는 주장을 펼쳤지만, 이 또한 재판부는 과학적 사실로 채택하지 않았다. 합조단이 제시한 시뮬레이션에서 프로펠러가 회전한 방향은 실제 천안함 프로펠러가 회전한 방향과 반대로 합조단 주장 자체가 성립되기 어렵다. 합조단 주장과는 달리 시계방향으로 회전하는 프로펠러가 바위나 모래 바닥과 같은 뭔가 딱딱한 물질에 부딪히며 휘어졌을 것이라는 주장도 제기되는 등 천안함 함미 우측 스크루 휨 현상에 대해서도 과학적 논쟁의 여지가 있다.

신 전 조사위원 명예훼손 관련 항소심(2심) 재판부가 언급한 것처럼 천안함 침몰 사건은 국민의 관심이 집중될 수밖에 없는 사안으로, 따라서 사고 원인과 그 조사 과정, 군과 정부 대응이 적절했는지 여부는 당연히 국민의 감시와 비판의 대상이 되는 공적인 영역이다. 공적인 관심 사안에 대해서는 다양한 의견들이 제시될 수 있으며, 그 의견이 정부의 공식 입장과 다르더라도 공론의 장에서 과학적 분석 등을 통해 검증되는 것이 바람직하다. 공적 관심 사안에 관한 토론의 규제는 헌법상 보장되는 표현의 자유를 위축시킬 수도 있다.

천안함 침몰 원인에 대해서는 어뢰 흡착물질과 스크류 휨 현상 등에 대한 과학적 논쟁이 있기 때문에 이에 대한 문제 제기를 할 수 있고, 과학적 조사가 추가될 필요도 있다. 이번 '천안함 침몰 원인 재조사' 진정에 대해 다수의 언론이 어떠한 문제 제기도 재조사도 필요하지 않다는 입장을 취한 것은, 공적 관심 사안에 대한 과학적 논쟁을 위축시킬 우려가 있다.

무엇보다 대통령 소속 군사망사고진상규명위원회가 단지 진정인의 자격을 문제 삼아 천안함 침몰 원인 재조사 결정을 철회한 것은 비겁한 결정이다. 천안함 침몰 사건은 국민의 관심이 집중될 수밖에 없는 공적인 사안으로, 침몰 원인에 대한 과학적 논쟁이 있는 사안은 정부가 다시 재조사해 진실을 명명백백하게 밝히는 것이 필요하기 때문이다.

부록 2

—

공공을위한과학기술인포럼(FOSEP) 창립 선언문

2011년 3월, 젊은 이공계 대학원생들이 모여 과학기술이 사회를 위해 올바르게 활용되어야 하고, 과학기술인이 노동자로서의 권리를 보장받아야 하며, 진정한 사회의 민주화에 기여해야 한다는 인식을 가지고 '청년 과학기술자 모임(Young Engineers & Scientists Association, YESA)'을 발족시켰습니다. 어느새 세월이 흘러, 우리는 대학, 연구소, 기업 등에서 사회인의 삶을 살고 있습니다. 지난 8년 동안 청년과학기술자모임은 화려하지 않지만 건실해졌고, 크게 주목받지 못했지만 우직하게 자리를 지켜왔습니다. 그리고 모임의 취지에 공감하는 여러 시민들과 다양한 분야 전문가들이 함께함으로써 청년과학기술자모임은 길을 잃지 않고 여기까지 올 수 있었습니다. 우리는 전문성을 살려 작은 연구결과물들을 출간하기 시작했고, 비정규직 연구원이나 이공계 대학원생, 그리고 과학기술계 노동자들의 더 나은 미래를 위해 연대했으며, 우리 사회의 실질적 민주화에 보탬이 되고자 노력했습니다.

이러한 소중한 성과를 바탕으로 이제 청년과학기술자모임은 담대한 새

걸음을 내딛고자 합니다. 우리는 과학기술의 공공성, 합리성, 민주성이라는 세 가지 가치를 들고 '공공을 위한 과학기술인 포럼'으로 새롭게 탄생하고자 합니다.

첫째, 우리는 과학기술이 소수의 권력이 아닌 공공을 위해 활용될 수 있도록 노력하고자 합니다. 지난 몇 년 동안 우리는 천안함 침몰 원인, 가습기 살균제 사태, 4대강 사업, 백남기 농민 사망진단 등에서 자본권력과 국가권력에 자신의 양심을 팔아넘기는 청부 과학자들의 모습을 볼 수 있었습니다. 지금도 적지 않은 과학기술인들이 권력에 타협하여 그들의 이익을 대변하고 있습니다. 우리는 이러한 청부과학의 길을 단호히 거부하고, 과학기술인으로서의 양심을 지켜 과학기술이 공공을 위해 올바르게 사용될 수 있도록 노력할 것입니다.

둘째, 우리는 국가 과학기술정책이 올바른 방향성을 갖고 투명하고 합리적으로 세워져 실행될 수 있도록 노력하고자 합니다. 한국은 연간 과학기술예산이 20조 원이 넘고, GDP 대비 세계 최고 수준을 보이고 있음에도 불구하고 이러한 예산이 제대로 기획되어 분배되고 올바르게 사용되는지에 대해서는 여러 의구심이 있습니다. 정권이 바뀔 때마다 녹색성장, 창조경제, 혁신성장 등의 신조어로 포장되지만 구체적인 내용이나 실체는 없는 경우가 많고, 과학기술계 현장의 목소리를 반영하지 못한 주먹구구식 정책도 비일비재합니다. 국민들의 세금으로 운영되는 과학기술정책은 공공의 이익을 위하고, 공명정대한 방향으로 세워져야 합니다. 우리는 국가 과학기술 예산이 공정하고 투명하게 집행되도록 감시하는 것을 넘어,

긴 안목을 가지고 제대로 된 국가 과학기술정책의 대안을 찾고자 노력할 것입니다.

셋째, 우리는 과학기술계에서 종사하는 열악한 처지의 약자들과 연대하고 사회의 실질적 민주화를 위해 노력하고자 합니다. 아직도 많은 연구자들이 출연연이나 기업 혹은 대학에서 비정규직 연구원으로 살아가고 있고, 이공계 대학원생의 처우 역시 이전보다 개선되었다고 하지만 여전히 갈 길이 멀어 보입니다. 연구는 사람이 하는 것인 만큼, 과학기술계 종사자들의 처우와 환경을 개선하는 것은 그 무엇보다 중요하고 시급한 일이라 할 수 있습니다. 우리는 과학기술인이 노동자로서 정당한 권리를 보장받을 수 있도록 노력할 것입니다. 더 나아가 우리는 사회의 구성원으로서 사회의 실질적 민주화가 구현되고, 노동이 존중받도록 노력할 것입니다.

'공공을 위한 과학기술인 포럼(Forum Of Scientists and Engineers for the People, FOSEP)'의 꿈은 원대하고 그 실천은 위대할 것입니다. 우리는 더욱 겸손한 자세와 헌신적인 실천, 그리고 치열한 연구를 통해 과학기술의 공공성, 합리성, 민주성의 가치를 구현하기 위해 최선을 다할 것입니다.

2018년 12월 15일

과학의 눈으로
현대사를 되돌아보다

펴 낸 날 2023년 3월 15일

지 은 이 공공을 위한 과학기술인포럼
펴 낸 이 이기성
편집팀장 이윤숙
기획편집 윤가영, 이지희, 서해주
표지디자인 윤가영
책임마케팅 강보현 김성욱
펴 낸 곳 도서출판 생각나눔
출판등록 제 2018-000288호
주   소 서울 잔다리로7안길 22, 태성빌딩 3층
전   화 02-325-5100
팩   스 02-325-5101
홈페이지 www.생각나눔.kr
이 메 일 bookmain@think-book.com

• 책값은 표지 뒷면에 표기되어 있습니다.
  ISBN   979-11-7048-535-3(03400)

Copyright ⓒ 2023 by 공공을 위한 과학기술인포럼 All rights reserved.
 ·이 책은 저작권법에 따라 보호받는 저작물이므로 무단전재와 복제를 금지합니다.
 ·잘못된 책은 구입하신 곳에서 바꾸어 드립니다.